2017 CHINA INTERIOR DESIGN ANNUAL 1

2017 中国室内设计年鉴 1

君誉文化 策划 |《设计家》编

大连理工大学出版社

图书在版编目(CIP)数据

　　2017中国室内设计年鉴. 1 /《设计家》编. — 大
连：大连理工大学出版社，2017.10
　　ISBN 978-7-5685-0916-9

　　Ⅰ. ①2… Ⅱ. ①设… Ⅲ. ①室内装饰设计—中国—
2017—年鉴 Ⅳ. ①TU238-54

　　中国版本图书馆CIP数据核字（2017）第149216号

出版发行：大连理工大学出版社
　　　　　（地址：大连市软件园路80号　邮编：116023）
印　　刷：上海锦良印刷厂
幅面尺寸：235mm×310mm
印　　张：19
插　　页：4
出版时间：2017年10月第1版
印刷时间：2017年10月第1次印刷
责任编辑：张　泓
责任校对：王秀媛
封面设计：君誉文化
策　　划：君誉文化

ISBN 978-7-5685-0916-9
定　　价：298.00元

电　话：0411-84708842
传　真：0411-84701466
邮　购：0411-84708943
E-mail：jzkf@dutp.cn
URL：http://dutp.dlut.edu.cn

本书如有印装质量问题，请与我社发行部联系更换。

FOREWORD

前 言

金秋时节，《2017中国室内设计年鉴》（以下简称《年鉴》）如期与读者相见。由《设计家》杂志编辑的《年鉴》，自出版以来，已经成为设计界从业人员及投资界人士案头常备的精品图书，从中可以全面深入地了解中国室内设计前沿的思潮、精准的设计风尚、精彩的空间构成与经典的设计之道。

从出版伊始，《年鉴》坚持打破设计类图书固有的单纯罗列作品的编辑思路，在注重实操性的同时，执着于观念性引领，寻求更大的格局、更强的参考性与更为纵深的视角，与设计师及业界共同探索进步的空间。

在作品甄选的过程中，《年鉴》打破设计师阵营的界限，力求客观全面地反映当下中国室内设计创作的全貌。书中收录的作品，其设计师来自全球各地，体现着不同的文化背景、设计思维与中国投资市场的有机结合、灵感碰撞。在强大的设计师阵容中，有的以室内设计为主业，有的坚持建筑、室内与景观一体化设计，有的集投资、设计、运营于一身，真正体现了多元化与多样性。《年鉴》在持续关注国际、国内知名作者的同时，对本土优秀年轻设计师的创作活力也予以充分展示，清新时尚的气息扑面而来。不仅如此，在入选作品的地域性方面，除了一、二线大型城市的代表性室内设计创作之外，对中小型城市以及乡村建设中涌现出的精彩案例也不吝版面。

在项目的类型与尺度上，《年鉴》尽可能地容纳了多类型、尺度不一的作品，以反映当下中国室内空间设计艺术的风貌以及设计师充沛的设计能量。酒店、商业、办公、文教、餐饮、居住空间……这些不同类型的作品分别处于不同的开发背景和空间格局中，从大型商业空间，到小型办公场所，设计无处不在，将业主们心中的许多"不可能"打造成"无限可能"。

在内容的深度方面，作为目前中国室内空间设计领域内具有领先性的年度图书之一，《年鉴》十分注重观察、挖掘、总结和剖析当下室内设计领域内的热点与趋势，并根据市场和业界的实际需求，调整不同内容板块的分量。近两年备受关注的民宿、针对精品酒店的改造乃至乡建，就在《年鉴》中得到了较充分的体现；针对餐饮空间在增长中寻求突破的现实，《年鉴》也着重选取了诸多市场定位不一、风格各异，但都具有相当代表性和突破性的案例，以探讨设计在其中的价值与意义。值得一提的是，《年鉴》作为一本可读性极强的图书，在书中紧贴业内的重点话题，融入多篇设计师的深入访谈，以亲切、生动的语言和资料，为读者带来极为深入和丰富的设计思考。中外知名设计师的设计智慧、设计之道尽在其中，有待读者细细品读。

在图书的调性把控方面，《年鉴》注重纯粹醇正的审美，突破意识与实现度的平衡感、空间艺术与体验感的匹配等。书中的作品，无论是出自名家还是出自新锐之手，无不完整地讲述着属于案例自己独特的故事，它们将某种设计语言运用得或淋漓尽致，或贴切自如，在具备了相当的深度与丰富性的同时，也带来美好的阅读体验和不期然的启发。

我们期待着《2017中国室内设计年鉴》能够继续为每位读者提供有价值的信息，助力读者的事业发展，拓宽读者的视野，为其带来愉悦的阅读感受和广大的思考空间。

CONTENTS 目录

访谈 INTERVIEW

酒店 *HOTEL*

餐厅 RESTAURANT

娱乐空间 LEISURE SPACE

商业体验空间 *SHOPPING EXPERIENCE SPACE*

INTERVIEW

访 谈

Hotel Design: Innovation, Comfortability, Return

酒店设计：兼顾创新、舒适和回报

——访泰国 P49 Deesign 设计事务所创始人与 CEO Vipavadee Patpongpibul

"不是我们选择了酒店设计业务，是酒店找到了我们。"东南亚作为全球知名的旅游目的地，培育出了蔚为大观的酒店、度假村资源，尤其是众多高星级酒店、精品酒店、融合了现代主义与地域色彩的度假村，都极具看点。换言之，设计界在这个大区域内的机会与竞争也相当突出。活跃于此的，除了欧美一线的酒店设计师，还有一众优秀的本土设计师。泰国著名酒店设计师 Vipavadee Patpongpibul 女士，就是其中一个代表性人物。

Vipavadee Patpongpibul 合作过的大牌酒店不在少数，包括四季、希尔顿、英迪格、Alila、君悦、JW 等，项目广泛地分布在东亚及东南亚国家。近年，她在中国的项目也日渐增多。于是，我们（《中国室内设计年鉴》）采访到她，请她分享自己在酒店设计上的体会与经验。

Vipavadee Patpongpibul，P49 Deesign 设计事务所创始人与 CEO、著名酒店设计师、泰国室内设计协会资深会员、Chulalongkorn 大学建筑系兼职讲师。她是一位资历超过 25 年的室内设计专家，致力于亚洲的酒店业及度假胜地、水疗等工程的设计。代表作有不丹泰姬陵大酒店、曼谷四季酒店、马尔代夫 Soneva fushi 度假酒店、印度新德里大酒店、阿曼杰贝阿里阿赫达尔 Alila、Samui Renaissance 度假胜地等。

Vipavadee Patpongpibul 出自设计世家，她的母亲就是一位室内设计师，这让她很早就对室内设计产生了浓厚的兴趣。小学毕业后，家人将她送到英国的寄宿学校读书，后来先后在西萨瑞艺术学院（West Surrey College of Art）和伦敦英奇博尔德室内设计学校（Inchbald School of Interior Design London）学习艺术与设计。可以说，她成长和受教于西方的文化语境，很早就习惯了在东西方之间穿梭的生活。开阔的文化视野、丰富的国际化生活阅历，甚至是与国际酒店品牌的沟通能力，对于酒店设计这项复杂的工作来说无疑是非常重要的。

从英国学成后，她回到泰国，在 Reifenbug & Rukrit 公司开始职业生涯，数年后创办了自己的公司 —— P49 Deesign 设计事务所。起初事务所只是为朋友和家人做一些小型项目，但在成功设计了第一家酒店项目后，越来越多的客户来寻求这方面的合作。如今，酒店设计已经成为事务所的主要业务类型之一。除此之外，办公总部、银行品牌形象设计等也是 P49 Deesign 的强项。

阿曼杰贝阿里阿赫达尔 Alila 度假酒店酒廊

与 Alila 这样合作

在酒店及度假村品牌中，Alila 是颇具特色的一个，尤其是它总是选择极为优越的自然地理环境，同时又兼具了现代性和地域色彩。您在跟阿曼杰贝阿里阿赫达尔 Alila 度假酒店合作的时候，是怎样做的？

我们设计该项目的灵感来自项目所在的地理位置、当地的文化习俗和品牌本身的特性。设计的结果是无论建筑或室内，看上去都很传统，能和谐地融入当地环境，但是设计的原则是给予空间一个非常现代的框架。我们采用自然纹理的材料，借鉴当地传统的家庭设计，打造出温暖简洁的室内空间。

当地的哪些自然或文化元素，让您觉得找到了开启思路的线索？

开始设计这个项目前，我们对项目所在地及其周边环境做了详细调查。奇特的地形和周边各式各样的文化遗迹激发了我们的设计灵感，传统村庄的建筑材料和细节也始终贯穿于我们的设计。尽管乍看之下项目地的岩石很多，但阿曼杰贝阿里阿赫达尔以"绿山"闻名，有非常丰富的当地植物群，比如，石榴树和山地玫瑰。这些元素也成为项目的设计灵感。在一些别墅设

计中，桧木和石榴都列入了配色方案，沙漠玫瑰用在公共空间的屏风设计上……这些都是我们为这个项目选取的标志性的设计元素。

在项目调查的过程中，还发生了一个有趣的故事。我们来到当地一个传统村庄的家里，看到女主人正在制作玫瑰水，她告诉我们这是当地传统的手艺。因此我们决定把玫瑰作为项目设计中的一个元素。

这个项目的另一个设计关键点是必须实现节能高效，并达到"绿色建筑认证"标准。这直接影响着我们对材料的选择，所以你能看到，我们放在"桧木餐厅"墙上的装饰画就是采用当地已经倒下的桧木制作的。陶艺和其他艺术品、装饰品也大多来自当地的手艺工人。

设计过程中遇到了什么样的困难吗？

设计这个项目的主要挑战是理解当地的自然和文化。通过调查理解了这些内容，从设计的角度来说就没有什么特别的挑战了。幸运的是，我们有一个极具魅力的业主（OMRAN），他信任我们为他设计这家世界级的酒店，并且认同任何我们认为"对"的设计。Alila 也非常支持我们的想法，在经营策略和效率上都给了我们很大帮助。

如果说还有任何实际的挑战，那就是项目所在地相当偏远，与外界的沟通非常困难。多亏了现场团队和承包商不知疲倦地工作，才有了这样的成果。我们为能参与这个项目的设计感到荣幸。自此，OMRAN 还邀请我们参与新酒店的设计，包括马斯喀特新 W 酒店，这个项目在 2015 年年中已经开始建造，还有马斯喀特丽思·卡尔顿里瑟夫酒店，目前已经完成了餐饮区和水疗中心的设计。

"我所理解的酒店设计"

由于空间的功能特征、多样性和品牌文化差异等因素，酒店设计对于室内设计师来说是一个不小的挑战。经过众多酒店和度假村项目的实践，您对此有什么样的理解？

这要从三个不同的角度来阐释。从设计师的角度说，我们坚持设计要创新，任何时候设计都应该是新颖的、有创造力的；从业主的角度看，要理解业主的愿望，了解投资的价值与回报，通过设计让业主在特定的时间内获得最大程度的收益；从顾客的角度看，必须让顾客感到最大程度的舒适，毕竟让顾客成为回头客才是酒店设计的最终目标。

总的来说，酒店设计想要获得成功，需要一个很好的合作团队，从业主、项目经理，到设计团队……良好的合作是项目成功的关键。而一个好的度假酒店，独特、舒适、功能齐全都是必不可少的因素。

丽江英迪格酒店

...茂君悦酒店

您设计的酒店主要分布在东亚和东南亚。这两个地区的自然、气候和文化环境都很有特点，那么怎样去抓住这些特点，让不同的项目各具特色？

在我看来，酒店设计必须结合地域文化，两者是一体的。如果我是酒店的顾客，我也会想感受一下当地的氛围，希望在非常现代的室内环境中蕴含着一点文化精髓。这也是我们在设计时将地域文化融入具体项目的原因。

比如，近来我们设计了云南丽江金茂君悦酒店和丽江英迪格酒店，两个酒店都位于丽江，也都融入了当地的文化，但我们把当地文化元素应用在不同的方向，最终它们的设计截然不同。

酒店作为特定的居住空间，是服务于当代生活的，那么您怎么理解它与传统文化之间的关系？

传统文化和当代生活没必要分隔开来，它们完全可以合二为一。我们必须有一种觉悟，即传统文化与当代的生活方式是息息相关的，设计师不能仅仅复制旧文化，而是要将它们很好地加以运用。

"我眼中的中国酒店业"

这些年来，您在中国做了不少酒店设计，对这个领域有什么样的观察？

在过去的 15 年间，我们在中国完成了许多项目。近期完成的项目有丽江金茂君悦酒店、丽江英迪格酒店、吴江盛虹万丽酒店、丽江金茂君悦酒店雪山苑、广州从化都喜泰丽温泉度假酒店。还有一些正在建造的酒店，包括杭州 JW 万豪酒店、迪庆洲际度假酒店、三亚 Autograph Collection 酒店、松江希尔顿酒店。

中国的酒店市场非常复杂，但产品质量十分优秀。目前，现行的标准和规范能够确保酒店提供安全和健康的入住环境。

如果说存在的问题，我发现业主有时不通过设计师就直接改变设计，这有可能会影响项目的品质。另外，项目管理团队常常希望去"赶工程"，让我们没有足够时间做出更合适的设计。

P49 Deesign 运营情况如何？

我们在曼谷的办公室有 150 名员工，他们属于不同的小组，由公司合伙人统一管理。每个小组就像一个小型公司，有高级设计师、初级设计师、绘图员等，每个小组都能自主控制各自的项目进程。我们还在上海设立了一个助理办公室，共有 45 名员工，用以配合 P49 Deesign 曼谷团队的设计和绘图工作，提供客户联络、项目对接和翻译的服务。

工作和生活怎样取得平衡？

工作和私人生活既可以相互交融，也可以彼此独立。当我和家人一起旅行时，看到的各种各样的文化和生活方式都可以融入设计。在家时我会抛开工作，全心全意陪伴家人。我喜欢旅行，从不同的文化中获得灵感，还有在海滩上放松地读书。

作为设计师还有什么心得想要分享？

真诚非常重要。一个人必须真诚，要尽其所能地为客户服务，给他们最好的设计，兼顾他们的预算，了解他们的市场，而不是完全按照自己的心意去做设计。

Dare to Explore Unknown Realms for Brilliant Design

敢于探索，做精品设计

——访艺臻建筑设计总监 冯智君

冯智君（Nicholas Fung）

来自马来西亚，在伦敦、吉隆坡、迈阿密和上海都工作了一段时间后，2010 年在上海创办了艺臻建筑设计咨询（上海）有限公司 (EZHEN DESIGN)。在这几年中艺臻设计了不同类型的项目 —— 酒店、餐厅、高级定制公寓等，例如，朱家角安麓度假酒店、千岛湖安麓度假酒店、青城山安麓度假酒店、苏州太湖三山岛洲际度假酒店、扬州洲际英迪格度假精品酒店、三亚陵水华邑洲际度假酒店、拉萨瑞吉酒店二期、上海外滩 3 号 POP 餐饮酒吧、北京黄埔会餐厅以及安提瓜 the Setai 酒店。冯智君曾就职于 Denniston International Architects&Planners，在此工作的八年间设计和创造了酒店行业的新一代精品酒店包括佛罗里达州迈阿密 the Setai 酒店、拉萨瑞吉酒店、颐和安缦酒店、杭州富春山居度假村、三亚柏悦酒店等一系列知名酒店。

与冯智君先生的对话，很自然地就过渡到安缦和安麓。说起来，冯智君与这两个在业内关注度颇高的酒店品牌有着特别的缘分，由他来谈安缦和安麓，谈精品酒店的设计，实在是很恰当。

冯智君先生是一位马来西亚华裔，早年在英国曼彻斯特大学建筑系就读，毕业后回到马来西亚，在顶尖的事务所 Denniston International Architects & Planners 工作了八年，师从具有"安缦御用设计师"之称的 Jean-Michel Gathy，其间还和 Jaya Ibrahim 合作设计了美国迈阿密 the Setai 酒店和北京颐和安缦酒店。冯智君说，Jean-Michel Gathy 对于"寻找最好设计"的执着，和"项目在哪里，设计就有哪里的风格"的设计哲学以及 Jaya Ibrahim "安静、稳定"的心态，都在很大程度上影响了自己。

近年，冯智君设计了朱家角安麓度假酒店。安麓虽然由首旅创办，但与安缦之间有着密切的关系。它们之间的共性和差异性是什么？怎么在设计中呈现？设计师面对这样的精品酒店品牌，如何扮演好自己的角色？我们与室内设计师刘飞一起，听冯智君一一细谈。

朱家角安麓酒店夜景

细谈安麓

在还没有安麓之前，安缦已然闻名遐迩，并且已经落地中国，备受推崇。您怎样看待这两个品牌之间的关系？

我只能谈谈我个人对安麓的理解。安麓也是首旅创办的品牌，它与安缦有着密切的关系。安缦创立近 30 年，在 20 多个国家有超过 25 家的酒店，是一个全球性的高端品牌。安麓是以中国人为目标，为满足中国人的当代生活习惯而创造的品牌。安麓和安缦的品牌定位，决定了两者的设计及未来发展方向的不同。

从设计的角度看，安麓是一个为中国而创造的品牌，比较强调中国文化的背景，比如，朱家角安麓度假酒店就利用了非常漂亮的五凤楼作为大堂。在中国不同地方的安麓都会有当地的文化体现出来。从餐饮方面看，安麓很注重中国人的饮食习惯，设计了喝茶的地方，而安缦的餐饮更多是为情侣度蜜月、休假设计的。从规模上看，安缦一般只有三十多间客房，而安麓的规模可能会更大，管理方法也不同。

刘飞：安缦与安麓同属于旅游度假性质的酒店，您认为安麓吸引游客的特色是什么？

许多中国人旅游是为了学习、考察、交流或体验一种生活方式，而现在更多人是为了追求自然、休闲和放松。安麓就是为满足人们对自然的追求和对自我的探索而设计的。

我们还注意到，在中国，朋友一起旅游很常见，因此安麓的设计中，双人房、四人房的客房数量较多，这是安麓品牌理念的一部分。

朱家角安麓度假酒店的背景是怎样的？

酒店业主是一位收藏家，很尊重老房子。朱家角安麓度假酒店在客房数量上与安缦相似，有 35 间客房，是真正的精品酒店，但它在结构规模上比安缦大，公共空间设计也是小且精。

它呈现出的空间风貌是什么样的？

走到酒店入口，你会发现它的设计非常简洁现代，像一个盒子把酒店内的老建筑包裹起来。门头的设计给人以到达感和仪式感。设计将有着六百年历史的五凤楼作为酒店大堂，因为它本身就是个好故事——从原本静静伫立于徽州休宁县，到搬来朱家角，在新的土地扎根。

很多酒店大堂会设计雨篷，这个做法虽然好用，但缺乏到达感。朱家角安麓度假酒店的定位不是酒店，而是业主用来接待客人的家，强调回家的感觉。五凤楼是三进两院的结构，跨过大门，第一间庭院并没有多余的设计。大堂内摆放的老家具是业主藏品的一部分。如果在老建筑里完全用老家具来搭配，会失去突破性与现代感，所以设计搭配了一些现代风格的坐墩。

进入第二间庭院就进入了酒店的室内大堂。我们在庭院上空加盖玻璃顶，让它成为室内外连接的空间。其中的现代艺术品很少，保留了老建筑原有的味道。大堂一侧放置书台，上面有空白的书卷，入住的客人可以在此留下姓名、家乡、入住的感受等。十年、二十年后，这些记录会成为酒店的收藏，客人再次入住酒店时也可以查找到曾经的记忆。

您怎样去平衡设计上"新与旧"之间的关系？

酒店 35 间联排别墅式客房都是新建筑。新建筑没有沿袭老建筑的样式，而是带有绍兴风格，整体上很现代。客厅的屋顶借鉴了中国传统的木船的理念，设计成拱形，既现代又蕴含了中式味道。

刘飞：朱家角安麓度假酒店的机电设备和软装系统做得很到位，尤其老建筑中的机电系统隐藏得很巧妙。

这是我们在设计中比较坚持的一点，在这种老房子里应该是看不到消防专用、机电设备和软装系统的。

经营对于酒店来说非常重要，设计师拥有的经验对业主也是有益的。您对朱家角安麓度假酒店的经营提出过自己的建议吗？

业主投资这家酒店，有很高的财务风险和老房再开发的风险。每个业主都希望项目完成后能带来品牌回报和知名度。35 间客房的规模决定了业主不可能赚到很多钱，但它会带来品牌效益和平台资源。

有一件事值得一提——业主的藏品很多，其中一部分就在旁边的博物馆展出，还有

朱家角安麓度假酒店细节

一部分放在酒店里，如果有客人想看，酒店方会打开给他看。这是中国几千年形成的一种文化行为，很耐人寻味。所以我对安麓的管理公司提出，在每一家安麓酒店都设立一位文化大使。例如，朱家角安麓度假酒店以收藏为主，就应该有一位收藏家来讲解酒店内的藏品；青城山安麓度假酒店与道教有关，可以邀请一位道教方面的老师讲解自然与道的关系；在千岛湖安麓度假酒店，可以讲解一些与农业有关的知识。我个人感觉，每一家安麓度假酒店都应该有独特的主题，这样客人来到任何一家安麓都能学到一些东西。

滩 3 号 POP 餐饮酒吧外景

滩 3 号 POP 餐饮酒吧

精品酒店和精品设计公司

近年来中国酒店业发展趋于成熟，不同的细分类别都涌现出很多优秀产品。在这里面，精品酒店很受消费者的青睐。当我们谈精品酒店的时候，就会问这样一个问题：什么样的设计师（公司）更容易做出好的精品酒店？

好的精品酒店设计需要有好地点、好管理、好业主和好设计团队来配合完成，四者缺一不可。从设计团队的角度讲，精品酒店更适合由精品设计公司做，大型设计公司难以有这样的精力和深度。每个项目设计师都要亲临现场观察，从概念到实施细节，整个过程没有断裂。设计不是一个阶段，而是一种精神，所以团队要在培训过程中建立起自己的使命感。

在目前这个互联网时代，跨界是常见的现象，比如，有些"非酒店设计师"也设计出了不错的酒店。

是的，这对酒店业来说是好事。但专业和非专业的酒店设计师有很大区别，非专业的酒店设计师对酒店管理、酒店服务和客人的要求是否真正理解？酒店是按照"每晚"来销售的产品，真正理解客户的需求也需要时间。

现在也有许多酒店设计师因为设计过太多酒店，容易把自己限制在框架里，认为酒店就应该这样设计，在设计中忘记了创新。好的酒店设计师每天都要问自己：现在做的设计是否新鲜？是否是市场所需要的？好的酒店设计能让客人实现梦想，这是每一个项目设计中必须要抓住的重点。

那么在酒店设计这个特定的主题下，怎样寻求创新？

首先，在心态上要有追求更好的设计的精神，一个项目做完以后就要放下。例如，杭州富春山居度假村是一个成功的酒店案例，完成以后很多人喜欢，来要求做类似的设计。我觉得这种要求很奇怪，中国这么大的市场，每个项目都应该有特色和亮点才对。

其次，在寻找设计方案的过程中，可以从中国文化中挖掘内容，重新利用，融于酒店设计中，从而营造出独特的感觉。最后，做精品设计要有探索的精神，尤其是探索自己完全不知道的事情。

Vincent de Graaf，恺慕（AIM）建筑设计主创建筑师、联合创始人。他先后获得马斯特里赫特（Maastricht）的室内设计专业和阿姆斯特丹建筑和城市规划专业的双硕士学位。他曾在中国和欧洲等多个国际著名的设计机构担任室内、建筑和城市规划等项目设计，拥有近 20 年丰富的国际设计经验。

Create Spaces That Belong to Their Surroundings

创造属于环境自身的建筑

——访恺慕建筑设计创始人 Wendy Saunders 与 Vincent de Graaf

11 年前，Wendy Saunders 和 Vincent de Graaf，两位年轻的荷兰设计师第一次到中国旅行。他们很快发现，此地对设计师来说机会甚多，于是留在上海，创立了属于自己的工作室恺慕（AIM）。创业初期，恺慕（AIM）很难获得建筑设计项目，便决定以室内设计为突破口，将业务逐渐发展到建筑规划、景观与室内软装，并在商业、办公、酒店等领域都有所建树。

Wendy Saunders 和 Vincent de Graaf 认为，在设计和运营中，他们始终关心的，是如何赋予建筑自由的、美的、新颖独特的形式，平衡建筑与生态的关系，创造属于环境自身的建筑，如何促进事务所的成长，让设计师在项目中找到自己的价值。

Wendy Saunders，恺慕（AIM）建筑设计主创建筑师、联合创始人。硕士毕业于比利时根特的建筑设计专业并从业十余年，之后她在阿姆斯特丹开创了自己的设计工作室并逐渐开启中国设计的发展之路。

设计是为了让人更好地生活

是什么样的机缘让二位成为设计师的？

V：小时候我并没有要成为建筑师或室内设计师的想法。直到我考上了一所艺术型大学，才慢慢对室内设计产生兴趣。

W：我出生在比利时一个古老而美丽的小镇，那里有很多欧洲中古时期的建筑。15岁时我读到一本建筑方面的图书，开始想象，如果能在这样一座充满历史韵味的小镇里造一栋现代建筑，将会带来多么不同的体验啊！于是，我开始想要成为建筑师。

裸心谷内部

两位是怎么相识的？是先成为生活的伴侣还是事业的伙伴？

W：我们是先成为生活伴侣。我在阿姆斯特丹工作时，老板是Vincent的老师，所以Vincent经常到我们事务所来，我们因此相识、相爱。

创业中国，所有的不完美中都蕴含着机会

请谈谈在中国的具体项目。

W：每个项目的背景和成功之处都不同。我印象比较深的是在嘉里中心做的一个餐厅项目，它营造出很温暖的氛围。我们也从业主身上学习到如何运营餐厅，如何去理解餐饮空间项目。

在学习设计的过程中，有哪些建筑大师或建筑思潮对你们产生特别的影响？

V：最初是弗兰克·盖里（Frank Gehry），他对我最大的影响在于建筑建成以后对整个社区的回馈和影响。我在荷兰生活了很长时间，那里城市密度非常高，现代主义流派很活跃。从上大学到现在，大环境对我影响最深的就是让我总是会思考如何创造一个属于环境自身的建筑。

V：每个业主都会带给我们不同的知识和独特的商业理念。比如，我们一个很重要的业主——SOHO中国。我们为他们打造了SOHO复兴广场、外滩SOHO、SOHO世纪广场以及北京光华路3Q这些作品。我们从他们身上学到很多。对于不同的业主，我们会根据他们的需求，给出适合项目和环境的方案。

W：我上学的时候比较推崇一些经典设计，比如密斯·凡·德·罗的作品。工作以后，我继续寻访不同的建筑，最打动我的是设计了悉尼歌剧院的丹麦建筑大师约翰·伍重（Jorn Utzon）所做的钢筋混凝土建筑。我学习设计时，正好也是扎哈·哈迪德（Zaha Hadid）开始成名的时期，她对我的影响也很深。

裸心谷餐厅

请谈谈你们在设计裸心谷度假酒店项目时以及项目完成后的一些心得与体会。

W：很早之前我们就认识裸心谷的创始人，但听到"设计一个非洲游乐度假村"的想法时觉得很奇怪。如果说让我们将裸心谷设计成西班牙风格、法国风格或其他欧式风格的话，我们肯定会拒绝，但是我们很想知道，非洲式的度假村在中国实施起来会是怎样？经过现场勘查，我们发现这个想法的核心是回归自然的生活状态，是简洁的、善用周边自然生活环境的状态，同时又能享受到舒适甚至是奢华的空间。裸心谷很好地平衡了奢华和自然。它把非洲的自然理念带到中国的自然环境当中。在人们感受田园生活的同时，酒店设施又非常舒适，这是非常享受的。

在中国生活的这些年，我们感觉城市和乡村的界限太清晰，因此希望通过这个项目把自然生活和城市生活有机地结合起来。当时我们的儿子还非常小，他在自然环境里奔跑的画面让我们很感动。延续这样的理念，我们又做了四川绵阳的浮生御。

V：其实在野外做项目有一定的难度，对于现场的情况，设计师很多时候需要随机应变。同时，设计这样的空间，需要设计师有比较强的综合能力，包括建筑和酒店运营等。

是否经常有业主要求做类似裸心谷的项目？

W：是，有很多业主因为裸心谷而知道我们，它的乡村精品度假酒店的理念在中国很先进，也很成功。对于找到我们的业主我们会和他们沟通，找到他们自己地理位置上的特色，去创造符合本土文脉的项目。

两位怎样看待建筑与生态之间的关系。

V：荷兰关于建筑的标准和规范比较完备；但在中国，就生态建筑而言，很多东西需要设计师去探索和定义。这给了我们很多思考和发挥的空间，比如，什么样的材质最适合循环利用、最利于环保？恺慕（AIM）在设计中用了很多当地的石材，包括重新利用的石材，也会使用一些高科技材料来实现项目的可持续性。

更关注事务所的成长

请问恺慕（AIM）现在主要的项目类型有哪些？能谈谈恺慕（AIM）的设计理念吗？

V： 我们的项目类型比较多元化，因为我们喜欢挑战，喜欢探讨如何在不同的项目中找到自己的价值。你得知道这个项目的业主是谁，它的意义是什么，它将以什么样的形式呈现，最终使用者是什么样的……这些是我们在设计中最关注的。

W： 恺慕（AIM）的设计会有很强的视觉效应，带给人们不同的感受。针对每个项目我们都会寻找一个兴趣点，从中不断挑战自己，引导工作室保持良好的发展。此外，我们也注重细节。我们希望我们的项目是可以为人所尊重，也让人感怀的。

目前事务所的规模多大？在团队管理方面有何特色？

W： 目前我们公司有 35 位成员，包括室内设计师、建筑设计师和商业人士。我和 Vincent 主要负责设计方面，现在还有一位资深同事晋升为合伙人。我们希望所有的设计都能够保持品质，同时能够确保每位设计师的成长。

公司规模扩大后，主创们对公司作品的参与度和质量的掌控上会遇到一些挑战，你们是怎么做的？

V： 幸运的是我们当中有很多能手，他们也希望接受更多的挑战并顺势成长。对于主创，我们花很多时间和精力培养他们。我们是设计师，也是老师和教练。

未来对恺慕（AIM）的发展规划是怎样的？

W： 在过去的两年中，我们做了很多努力来促进工作室的成长，包括在中国香港设置了一个分支机构，以接触更多国际性的业主。但上海永远会是我们的大本营，是工作室的核心所在。

两位合作伙伴在工作中是如何分工的？

V & W： 我们都是设计师，在具体项目上会有分工。此外，我们内部有设计会议，通过相互帮助，相互聆听，帮助彼此找到方向。我们的性格不同，在设计上会相互影响。

你们认为工作与生活的关系是怎样的？

W： 对于我们来说，生活和工作之间很难有明确的界限。我们有两个孩子，一个三岁，一个六岁，但我们的工作很繁忙，很难有时间照顾小孩。工作和生活都是支撑我们走下去的重要原因。有时我们埋头工作了很久，刚好孩子们过来了，我们停下来和孩子们玩一会儿，之后再工作就会有焕然一新的感觉。

Good Design,
Successful Projects

做好作品，更要做成功的案子

——访中国台湾室内设计师 周易

周易，中国台湾设计师。1989 年创建周易设计工作室；1995 年创建周易概念建筑工作室。他的设计理念来源于庄子"至大无外，至小无内"的哲学思辨，同时深受日本建筑家安藤忠雄的建筑美学的影响。其作品"太初面食"曾获 2013 年金外滩奖最佳餐厨空间大奖、2013 年度最成功设计以及金点设计奖、2013 年度最佳设计奖。国泰璞汇接待中心曾获 2012 年中国台湾室内设计大奖评审特别奖。

近年来，中国台湾设计师周易一直活跃于设计界，并时有佳作。《2017 中国室内设计年鉴》专访周易，与他细谈自己自学成材的成长背景，善于平衡商业与艺术的设计哲学以及对设计的热爱与痴迷。

从展览义工到"夜店王子"

能简单谈谈您的学习、创业及设计实践吗？有哪些印象深刻的人和事？

周易设计工作室成立至今已经有不少年头了，途中经历的挑战很多，但收获的乐趣与成就感也不少。

在台中念完建筑制图科后，我便北上工作，只跟过两个设计师，虽然时间短暂，对我的启发却很大。我从前辈身上学会如何在施工图上把细节交代清楚，以防止未来施工产生误差的严谨态度。另一个对我影响较深的人是设计师杨奇，他具有艺术家的性格，喜欢写书法，文采又好，没事就吆喝着，走，我们去看展、去喝酒。他让我领悟到，做设计要打开眼界，要看很多东西，不能没有生活历练，如果只在家闭门造车，表现出来的作品就不会大气。

在台北待了一年，我回到台中，自己开始接案子做。因经验不足，那时台中艺术中心及文艺界办了很多展览活动，我都主动跑去当义工，慢慢懂得如何将装置概念带进空间设计。我自己早期的作品风格大都偏重艺术性，比如，结合新闻时事或电影手法、艺术作品去做设计。之所以有这么多灵感创意，得归功于那段与很多艺术家在一起及不断参与文艺活动的岁月。

您在设计上取得一定成功之后，曾经跨界成为经营者，在经营失利之后，专心回归设计，您对这段经历有怎样的感悟？

从展场延伸至商业空间，我做了许多成功案例后，一群朋友开始鼓舞我开店。于是一间名为"零号公寓"的咖啡厅就此诞生。由于是自己的店，我带着实验性质大玩设计，在店内摆放很多女性主义的书，甚至办了很多跟女性相关的讲座和画展，是一间很特别的文艺咖啡馆。只可惜曲高和寡，不到三年店就闭店了，这也让我付出了惨痛的代价，几乎把所有赚的钱都赔进去了。后来我就决定专心做设计，从此守着本业不再跨界。

少年得志，30 岁这一年却重重跌入谷底，我反而更加笃定自己的志向，心无旁骛地开始用心做设计。之后的作品"事件"让我一炮而红，吸引了不少国内外媒体报道，当时很多夜店的业主都来找我设计，也因此让我换来一个"夜店王子"的封号。

这几年，我很开心工作室设计的多个项目在国际竞赛中获得回响，像是"轻井泽""这一锅""太初面食""朴树文旅""国泰璞汇接待中心"等，都是我自己也相当喜爱的作品。

商业空间设计："我不要只做一个好作品，我要做一个成功的案子"

您为何选择商业空间作为主要设计方向？在您看来，设计成功或失败的依据或者说标准是什么？

商业空间较不受拘束又可实践天马行空的想象，对我有着极大的吸引力，我百分之九十的案源皆来自于此。年轻时偏重原创，与业主理念冲突时会坚持己见，失去一个机会也无所谓。现在我的想法有些转变，做商业空间就是在进行一个商业行为，所谓成功，就是让业主能赚到钱，我案子也做得好。如果只是成就一个好作品，但无法让业主获利，那是失败的。我不要只做一个好作品，我要做一个成功的案子。

空间设计可以成为影响一家店营运成败的主要因素。桌数及座位量是关键，不能为表现造景而牺牲，座位量不够，即使客满也是徒劳。再来就是要有敏锐的市场嗅觉，要知道不同客层的喜好。除此之外，我也强调商业空间设计不单是空间设计，还包括企业识别、听觉、视觉、嗅觉、触觉的呈现。现在很多经营者都具有品牌概念，空间呈现出来的成果都如预期或超越预期，业主经营的店成功了，分店就会一家接一家地开，这就是我们为什么会有接不完的案子的主要原因。

您的设计作品以现代东方风格为主线，请谈谈您的空间美学形成的原因。

其实空间设计与风格塑造是一体两面，主要的背景原因，来自我多年的收藏爱好，但追根究底还是受到姐姐的影响，让我对所有富于东方历史韵味的艺术品及家具爱不释手，当然也就自然而然应用在我所熟悉的设计领域。这就跟植物的光合作用、人的呼吸一样自然，并没有什么艰涩的大道理，只不过我投入的程度比别人深而已。一撞见喜爱的东方文物，非得入手而后快。旁人眼里可能残旧、不值钱的老东西，却常是我为空间画龙点睛的关键语汇，也往往能为设计增加无可取代的独特性。

每次聊到空间设计，少不了探究其中的美学概念从何而来。其实这是个很大的题目，太广泛，说上三天三夜也说不完。整体而言，我的商业空间作品占比大过住宅，但在商业空间类别里又以餐厅项目居首，多了营利与多人次使用的因素，现实中的商业与理想派的艺术，两者更有无缝接轨的可能。而我认为好的餐厅设计，绝对需要注重下述这些因素：动线、坪效、美学、氛围与灯光，这五项重点难分轩轾，但缺一不可。一次大规模的投资不容易，餐厅除了菜品要好吃以外，空间舒适度与灯光情境等美感的表现，更是吸引客人上门的催化剂。

您擅长将艺术与商业结合，请问对如何平衡二者您有怎样的经验？

对于专业设计师来说，作品本身就会说话。我的设计能出现在中国台湾的大街小巷，靠的就是这些年累积的口碑。凭良心讲，我的想法再好、艺术成分再高，若是不能帮助业主成功建立品牌、打开市场知名度，一切都是空谈，这是商业空间设计与单纯艺术创作最大的差异所在。幸好这些年来委托我进行设计的客户，都对我报以完全的支持与信任，才让我的团队得以大展身手。

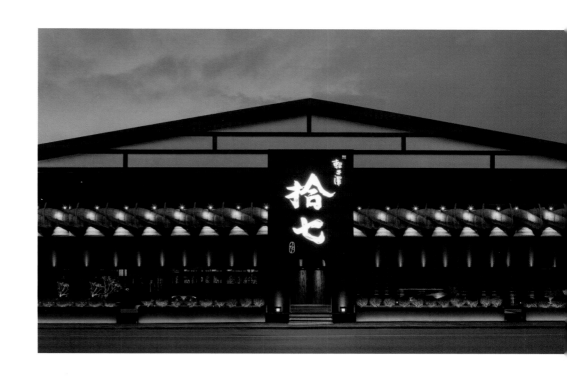

设计是一生的事业

您对团队管理和项目管控有哪些经验？

空间设计就像踢足球，从来都不是一个人的事。我的创意需要仰赖训练有素的团队才能精准执行。我跟大家一样，一天只有24个小时，不可能事事参与，于是团队运作管理和项目管控就非常重要。尽管有些委托地点距离较远，但我都会指派经验丰富的项目经理或监工人员在场监督，有问题随时汇报，第一时间解决，确保大方向与细节都能趋于完美。

作为业内资深设计师，如何获得源源不断的创作灵感？

室内设计是我的生活重心，除睡觉外，几乎所有时间都沉浸于此。在我眼里，美学是日积月累的，想法绝不会凭空而来，而是从生活事物中所接触的一切来获取养分，需要很多阅历做支撑。

我做了30年设计，对这一行依旧充满热情，数十年来如一日，每天工作到深夜一两点。案子未成形前，无边无际的想象是我最快乐、最享受的一段过程。我也希望以一个自学者沿路走来的经验，勉励一些年轻朋友，想走这一条路，一定要坚持下去，不能一开始得不到金钱上的满足就放弃。最简单的方法是确立志向，跟在自己最欣赏的设计师身旁，慢慢吸收精华，融会贯通后再走出自己的特色。学习过程中要非常投入，要舍得付出，不要以个人利益为导向，相信日后一定会有所成就。

庄子"至大无外，至小无内"的哲学思辨是我信奉的名言，也促使我不停吸收新的知识。我每年出国十来次，不管工作或带员工旅行，身上总是带着相机，无论走到哪个城市，必定会去参观五星级酒店，看看别人的设计或展览，再分享彼此看到的内容。

到现在这个年纪，有时忙完白天的工作，晚上乘坐出租车，一连跑好几个地方也不嫌累，因为设计是我一生的事业，我很热爱它，希望七八十岁时，我都还在做设计。

Connect Past with Present

情系传统，设计当下

——访日本 Super Potato 室内设计公司创始人 杉本贵志

近来，由日本著名室内设计公司 Super Potato 设计的多个商业及酒店项目陆续在中国开业，Super Potato 的创始人，已年逾古稀的杉本贵志（Takashi Sugimoto）的创作历程和设计理念也再次引发了人们的关注。杉本贵志是日本享有盛名的室内设计师，以设计餐饮及零售项目出名。他 1945 年出生于日本东京，1968 年获得东京艺术大学美术学士学位，1973 年创立 Super Potato 室内设计公司。杉本贵志从小就对空间非常感兴趣，深受理查德·塞拉和卡尔·安德烈两位大师影响，毕业后投身室内设计行业。杉本贵志设计过多种类型的项目，他认为设计的目的在于为人们的自然生活带来一些灵感与启发，他坚持设计应保持人与自然的和谐。在杉本贵志看来，当代生活与传统文化之间的矛盾在每个时代都存在，设计师应正视这种矛盾，他也坦言，传统文化很重要，但设计应更符合现代人的生活方式。新近开业，由 Super Potato 担纲室内设计的广州柏悦酒店，原木、金属、青砖、石体等天然材料被运用于各处设计中，设计师对从岭南古城区回收的金属元件及废旧报纸等原材料进行了创新性地使用。传统的木质窗格、精雕细刻的木雕墙面、装饰门楣和砌砖等传统岭南建筑元素的运用，体现了对传统的认知和尊重，摒弃了表面矫饰，完整地保留了设计原味。无印良品上海世界旗舰店的设计采用了木、铁、泥这些在很久以前就支撑起人们生活的材料，其设计理念试图将无印良品的产品，对祖先生活的记忆以及今天的上海人三者并置于同一空间，诠释新的上海生活观。

虽然杉本贵志的许多作品都强调符合现代人的生活方式，但其内心仍然保留着一份对原汁原味旧日传统的情有独钟。他业余喜欢游历日本的乡间小镇，享受旧日的传统美食，也很希望有更多机会参与修复历史名镇及旧商铺的设计。

杉本贵志（Takashi Sugimoto），1945 年出生于日本东京，1968 年获得东京艺术大学美术学士学位，1973 年创立 Super Potato 室内设计公司。1984 年、1985 年获得"每日设计奖"（Mainichi Design Honor Awards）、2008 年获得"名人堂奖"（Hall of Fame Awards）。代表作品包括：柏悦酒店（北京、首尔、广州），君悦酒店（新加坡、上海、东京），凯悦酒店（东京、京都），香格里拉酒店（中国香港、上海）以及拉斯维加斯的贝拉吉奥酒店。

凯悦酒店 (1)

因对空间的兴趣而选择室内设计

请简单介绍一下您的成长和学习经历。

我 1945 年出生于东京，1968 年在东京艺术大学获得美术学士学位，1973 年，我创立 Super Potato 室内设计公司。我设计过各种类型的商业空间及场所，包括酒吧、餐厅、酒店以及商业综合体，获得过很多国际奖项。我同时也是武藏野美术大学的名誉教授，我的作品包括：柏悦酒店（北京、首尔、广州），君悦酒店（新加坡、上海、东京），凯悦酒店（东京、京都），香格里拉酒店（中国香港和上海）以及拉斯维加斯的贝拉吉奥酒店。

您学习美术出身，为何选择做室内设计？

当我还是一名学生时，我对空间就有着强烈的兴趣。理查德·塞拉和卡尔·安德烈两位艺术家的作品深深地吸引着我，大学毕业后，我就开始追寻室内设计。

请简单介绍下您早期的设计实践。

草莓店、广播酒吧、帕舒精品店等都是我 20 多岁时设计的作品。

设计的目的是为生活带来启发

您有怎样的机缘成立 Super Potato 室内设计公司？

1973 年 Super Potato 室内设计公司才创立起来，主要是为了改变当时的设计风气和观念。那段时间，我正在做西武集团的一些项目。其实我与西武集团的合作很早就开始了，在它成立的早期阶段，就已经为西武百货商店设计了许多项目。

广州柏悦酒店 (2)

广州柏悦酒店 (3)

成都无印良品

目前事务所主要的项目类型有哪些?

我们现在在日本和国外都有许多酒店的室内设计项目。在零售方面,我设计了无印良品的第一家店。最近,我们在中国又完成了一些新店,比如,2014 年开业的成都无印良品,还有去年 12 月开业的上海无印良品世界旗舰店。在成都无印良品的设计中,我的想法是,那样一家品牌店,没有必要为了漂亮而做设计。对我来说,设计的目的是为了给我们自然的生活带来一些灵感或启发。在该项目中,入口处和咖啡厅兼餐厅里的木材,以及楼梯间的枝形吊灯扮演了这个角色。

请介绍 Super Potato 室内设计公司近来有代表性的几个项目。

欧洲格兰德酒店、出云荞麦面店 "Nishikori" 、RIGHT-ON MOZO 奇迹城、无印良品上海世界旗舰店就非常有代表性,还有广州柏悦酒店也是很典型的案例。

您在设计中坚持的理念是什么?

在设计中,我认为人与自然的关系是最重要的。这种源于《万叶集》(Manyoushu)——一本日本的旧诗集(约 1200 年前编译)的表述是我学习的范本。

印良品世界旗舰店(1)

印良品世界旗舰店(2)

传统文化很重要，但活在当下更重要

您的作品不仅注重创造性，还注重融入地域文化和特色，您对地域文化与设计的关系有怎样的看法？

我认为文化是非常重要的因素，在很长的历史时间里，传统文化确实很重要，但是活在当下更重要。

您认为设计师应该如何面对传统文化和当代生活之间的关系？

在传统文化诞生的大背景下，每个时代都会产生矛盾冲突，我们需要面对当前的时代和已经存在的矛盾。

Super Potato 室内设计公司何时进入中国做设计？设计的第一个项目是什么？

我们 1999 年进入中国，在中国的第一个项目是设计位于上海金茂君悦酒店内的娱乐综合体 "PU-J's"。

您认为在中国做设计与在日本有何不同？

在文化方面，我真的感觉中日没有什么差别。

未来 Super Potato 室内设计公司的发展规划是怎样的？

我对于复原很久之前的历史城镇很有兴趣。时尚、现代、充满未来主义的画面是美妙的，但很久以前就已经存在的城镇和生活方式也是非常壮丽的，我希望能复原这些文化。

您个人业余的爱好是什么？

我喜欢到日本东北的乡村小镇上旅行，并享受旧时代的传统食物。

其他您想表达的。

我希望创造和复原一些城镇，在这些小镇中，有着历史悠久的商店，这些商店与维持他们运转的人们的生活融合在一起。

Studying Lilong Districts, Regenerating Traditional Neighborhoods

读懂里弄街区的价值，促进里弄空间再生

——访同济大学建筑与城市规划学院副教授 李彦伯

"我选择了一个研究对象，然后被它推着一步步往前走，甚至影响了人生的轨迹。"青年建筑学者李彦伯生长于北方的古城，骨子里有着对历史文化的敏感。1998 年，李彦伯进入同济大学学习建筑学，他对上海城市肌理的重要组成部分——里弄文化产生了浓厚的兴趣，并逐渐将其发展为学术研究对象。

他从上海里弄街区的内在价值、现时价值和延伸价值三个方面分析了其存在的意义，并从里弄本身的稀缺资源价值特征出发，提出面向社会开放，吸引社会有益资金进入，集社会、政府、企业和个人力量共同使里弄再生的思路。

在李彦伯看来，设计不论尺度大小，都应该使城市空间更有活力，同时促进社会进步，改善大众的生活质量。

李彦伯，同济大学建筑学博士，同济大学建筑与城市规划学院副教授，同济大学经济与管理学院博士后，国家一级注册建筑师。研究方向为城市历史街区可持续发展、城市建成环境与社会整合再生。著有《上海里弄街区的价值》《古城新生》。

发现与挖掘：上海里弄的意义

您何时开始研究上海里弄文化的？为何选择上海里弄文化作为研究方向？

我读硕士时开始研究里弄文化。同济大学有许多与城市现实相关的课程，对学生有很大影响。另外，我来自历史悠久的古都，对城市曾经发生的故事有一定的敏感度。我读书时，人们对里弄并不关注，当时的热潮是房地产开发，无论学者、政府和大众都更关注怎样建造新东西，怎样招商引资把城市建设得更新、更好，对于里弄的话语还多停留在"旧区改造"上，然而从一开始我便不认为这些所谓"旧区"是毫无价值的。

您一直研究里弄文化，为何在博士后期间选择到同济经济与管理学院做研究？

我的博士研究师从伍江教授，博士论文就是研究上海里弄街区，主要研究上海里弄价值的建构和呈现。里弄从历史中来，但很多问题存在于当下，它涉及社会、经济、政治、文化等多个层面，跨越了城市规划、社会学、经济学和社会政策的多个领域。后因机缘巧合得知同济经济与管理学院的博士后流动站有城市可持续发展研究的方向，这与我希望增强的知识领域很吻合。于是我去了这个博士后流动站，与我的合作导师诸大建教授共事了两年，并在他的指导下做了博士后的研究报告"基于利益相关者的上海城市历史街区发展研究"，后来出版了《上海里弄街区的价值》一书。

上海里弄街区的现状是怎样的？

同济大学做"上海里弄建筑空间实录"已经六年了。前五年，我们每年在上海各地散点式地选取 70 个不同的里弄街区，每个街区分配一组同学做调研记录，主要是保存一些珍贵的数据资料。很多情况是前脚调研完一个街区后脚它就被拆掉了，我们实际是在与拆迁赛跑，五年来，我们共做了几百个街区的调研。今年，我们改变了策略。因为里弄街区仍在不断被拆，大家习惯于跟在被拆除街区的残垣断壁后面长吁短叹，殊不知这已经是某种被估价之后的结果：里弄街区的建筑和其中居住的社区，被认为价值并抵不上来一场大拆大建之后带来的利益。

这个价值观需要被扭转。

因此需要证明里弄街区的真实价值。我们必须对这样的问题进行回答：怎样让里弄变得更好？我们挑选了同一个街道下的18条街坊，与地方政府合作进行更深入的研究，除了实录，我们要求每位学生做一个"微更新"方案。学生通过调研选择更新的内容，有的学生选择更新楼梯，有的认为要解决自行车停车问题，有的要改造公共空间或者绿化环境。大一学生是一个特殊的群体，他们的想法非常鲜活，对外界事物很敏感，只要给他们机会，他们能够自己发现问题并给出解决方案。你会看到这些连图都还画不好的学生，有着不逊色于世界上最优秀设计师的精彩想法。比如，有个学生为了解决里弄停自行车难的问题，设计了可以悬挂自行车的摩天轮，一个摩天轮可以收纳三四十辆自行车，大大减少了地面空间的占用。

您认为让学生参与上海里弄调研和设计"微更新"方案有怎样的意义？

学生除了搜集房子的信息，还要做很详细的访谈报告，要与居民进行深入对话。与里弄的居民聊一聊，就能知道他们的生活状态，比如，每天早上要倒马桶，没有热水洗澡，没有消防设施……要让里弄变得更好，我们首先要知道应该和谁站在一起。学生在调研过程中不断学到知识，学会自己发现问题和解决问题，更重要的是这其实也是培养价值观的过程。

上海里弄保存的价值体现在哪里？

当然有保存价值，不说它的风貌及艺术价值，里弄本身也是城市的记忆。我在《上海里弄街区的价值》一书中将价值体系分为三部分：内在价值、现时价值和其他延伸价值。内在价值主要是艺术价值和建筑学上的价值，不必多说。举个例子说它们被忽视的一面。从2014年开始，上海的服务业占据整个国民GDP的60%，提供服务的大部分是外来人员。对于低收入的外来人员来说，上海里弄提供的小单元住所是他们可以接受的解决方案。

在保护里弄街区的前提下，您认为应如何提升居民的生活品质？

这个问题很好，关于这点，大家都在研究解决的方法。现在很多里弄街区仅是被保留下来，"活"得并不好。作为文化遗产，它们依靠国家财政支撑，以一种"输血"的方式存活。对政府来说，要花很多钱"养"这些房子，负担已经很重了，但文化遗产的存量太大，平均到每间房子的经费仍然很少，维持日常修缮都很困难。根本的解决方法还是要对社会开放，吸引社会有益资金进入，然后企业、设计师、居民可以共同参与里弄的建设。

对于上海里弄街区如何吸引社会资金，您有怎样的建议？

首先，从经济角度看，稀缺资源具有最高价值，保留下来的里弄街区就属于稀缺资源。其次，上海作为国际化城市，很多外国的企业高管来到上海，想要找有上海文化的地方可能都会想到这里。第三，目前我们的社会发展还不够，一些人还看不到里弄街区的价值，但现在慢慢会有更多人关注里弄街区。第四，退一万步说，时代在不断变化，把里弄保留下来，哪怕现在不知道要怎样对待它，也不要拆除它，因为 20 年后，人们一定会找到善用它的办法。

您对里弄文化做了很多研究，这些研究与实践之间的关系是怎样的？

有很重要的关系，这两年出现了很多"元年"的说法，如"设计师的再创业元年""众筹元年""互联网 + 元年""乡建元年"等，这是个好现象，说明很多新东西在萌发。

同样地，2015 年也是所谓的"城市更新元年"，我突然发现很多建筑师及其他行业的人都开始谈论城市存量空间如何更新的问题。这条路我走了快十年了，现在感兴趣的是如何在城市历史街区和城市建成环境里做城市更新的实践。我们的实践已经不是建造一座大体量的写字楼，而是如何通过设计，不论尺度大小，使城市空间更有活力，同时促进社会进步，改善大众的生活质量。我们现在做设计的尺度是以 10 平方米计算，有的甚至只有几百平方厘米，比如，我们为里弄设计一系列导引标牌，标牌有多重功能，可用于夜间照明；我们也设计信报箱系统，不止有收信功能，还可作为物流链的终端。

上海因为历史原因，遗留了一些殖民时期的建筑，比如，外滩建筑，国内一些地方会把这些建筑当作上海的象征进而模仿建造，您怎样看待这种现象？

这也是我要面向社会开讲座的原因。学术界有个词叫"原真性"，外滩建筑是上海开埠时外国人建造的，大多带有西方文化的诉求和文化烙印，这些建筑曾是殖民建筑，它们建设在上海，从而被保留下来成为上海文化的一部分。但国内其他地区模仿所谓"欧式"建筑，其实是对自己的地域文化不自信，失去了原真性，是毫无价值可言的。

HOTEL

酒 店

Indigo Lijiang

丽江英迪格酒店

项目地点：云南丽江

设计单位：P49 Deesign 设计事务所

项目总监：Chakkraphong Manipanti

　　丽江英迪格酒店位于世界文化遗产地——丽江大研古镇南门，充分融入古城周边环境，巧妙地将与众不同的云南茶马古道文化融入设计之中，打造出一家亲切随和、充满个性，同时充满本地邻里文化的精品酒店。

　　酒店入口种植着一颗百年古茶树，周围是由低调的石头垒砌的墙体，看起来就像是丽江古城的普通屋舍。进入大堂，迎面而来的紫红色高山杜鹃装饰让您心旷神怡。酒店大堂采用大面积紫红色高山杜鹃艺术品装饰，与平静的水面相接，连续向下延伸至G层会议室。大堂与入口的低调形成强烈的视觉对比，在自然采光下更显宽敞大气，与众不同。

　　设计师巧妙地将欢迎区的家具设计成马帮路上随身携带的行李箱，将休息区的座椅设计成皮质马鞍，处处体现出马对于马帮的重要意义。

　　英迪格高级房以玉龙雪山为主题，床的背景墙是连绵的雪山壁画，整个房间通透明亮。壁画描述了马帮从普洱出发到思茅，直至高海拔的滇藏线，路途是何等艰险曲折。地面上铺设着图案为连绵的层层梯田的地毯。在云南这个内陆山区，人们将梯田依山势而建，错落有致。梯田又像是时光阶梯，连接着马帮回家的路途。

　　搭乘全玻璃景观电梯即可进入茶马餐厅，餐厅电梯玻璃门上贴有群山的画面，巧妙地将电梯隐藏于群山之后。踏出电梯，仿佛穿越时空，回到茶马古道，与马帮一起端起酒杯，一边品尝着马帮菜，一边分享路上的故事。设计师将餐厅的灯具设计成各种动物的造型，将马帮打猎的故事融入其中。餐厅的地面点缀着各种蘑菇造型，这是由于马帮常常将山里采来的蘑菇风干作为路上的食物。

　　云南的自然地理、人文历史、民间生活与文化之美，在酒店中处处可寻。

07

Dali Munwood Lakeside Resort Hotel

大理慢屋·揽清度假酒店

项目地点：云南大理

项目面积：改造前 300 ㎡，改造后 1000 ㎡

业主及运营者：重庆慢屋酒店管理有限公司

建筑设计：IDO 元象建筑

合作单位：重庆合信建筑设计院有限公司

设计团队：苏云锋、陈俊、宗德新、李舸、邓陈、
李超、李元初、陈功

完成时间：2015.7

摄影：存在建筑

慢屋·揽清位于大理洱海环海西路葭蓬村。葭蓬村是环洱海最小的自然村,村庄周围环绕着独有的自然景观——海西湿地,那里杨柳垂荫,芦苇飞絮,水鸟游弋,天蓝海清。整个村庄宁静秀美,五六间小客栈沿湿地岸线散布,慢屋就是其中之一。

为了能盖一栋让建筑师自己满意的房子,2013年初主创团队决定"自己做一次甲方",于是决定"去大理盖房子"。从乙方到甲方,遇到了很多新的问题,于是设计团队鼓动了身边几位有同样追求的好友,一起成立了慢屋酒店管理有限公司。过程中设计团队意识到"其实做甲方也挺难,很多实际的问题需要面对"。还好办法总比问题多,在解决实际问题的同时,设计团队一直坚守着建筑学的基本准则。

在布局上,设计控制尺度,将建筑体量化整为零,多个坡屋顶与周围农宅的尺度相呼应。石头围墙的介入,作为边界存在,让客栈与周围邻居的关系既有所区别,又有所联系。设计意在提供多层次的公共空间体验,从多维度建立建筑与洱海的关系,让使用者可以各取所需,互不干扰。这个设计最难的是要跨过面前的马路,才能欣赏前面的洱海水景。建筑与马路之间的关系很难处理。

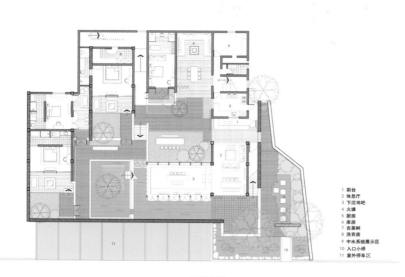

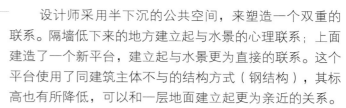

1 前台
2 休息厅
3 下沉书吧
4 火塘
5 厨房
6 库房
7 古茶树
8 洗衣房
9 中水系统展示区
10 入口小桥
11 室外停车区

一层平面图

1 玻璃地面
2 休闲厅
3 户外平台
4 茶室
5 员工休息室
6 棋牌室

二层平面图

1 库房

三层平面图

设计师采用半下沉的公共空间，来塑造一个双重的联系。隔墙低下来的地方建立起与水景的心理联系；上面建造了一个新平台，建立起与水景更为直接的联系。这个平台使用了同建筑主体不与的结构方式（钢结构），其标高也有所降低，可以和一层地面建立起更为亲近的关系。

这个平台右侧的建筑是开敞的，一是使流线始终处在开阔的室外中，使二层更有一种地景艺术感而不是建筑感；二是从马路上看，建筑也显得更加空灵、轻巧。

家具陈设使用当地拆除的木房梁改造而成，体现了时间的痕迹与一种本土化状态。院子中心种植着百年的古茶树，摘下来的叶片可以在火塘烤制。院子里的石榴、梅子和李子树的果实都可泡酒，变成客人到达时的欢迎饮料。后院有一块菜地，菜叶摘下来就可以端上早餐餐桌。这一切都向使用者传递了简单、质朴的生活理念。

除了"本土化"，设计还强调作为建筑师的社会责任感。设计使用太阳能热水系统，充分利用当地气候优势。在大理环海路市政排污管网不健全的背景下，设计设置了10吨级的中水处理系统，为的是不向洱海排一滴污水，以负责的态度表达着对自然环境的热爱。设计师还在客栈主入口设置了中水系统的展示窗口，以便向客人传递环保设计理念。

慢屋·揽清共13间客房，每间客房都拥有独特的景观，与场地发生了直接的联系。10个不同的房型创造出多样的体验。

在造价及当地施工条件限制下，设计师选择了相对常规化的结构和营造体系，关注现代建造与传统的关系，在框架系统下用石头墙砌筑界面，用质朴的材质营造客房的度假氛围。

Shenzhen Marriott Hotel Nanshan

深圳中洲万豪酒店

项目地点：广东深圳
项目面积：43000 ㎡
设计单位：CCD 香港郑中设计事务所
设计师：郑忠
完成时间：2016 年

深圳中洲万豪酒店地处深圳市南山区。渔村文化、编织工艺、捕鱼用的网具、层峦起伏的山峦、美丽的荔枝花……都成了此案的设计灵感源泉。酒店装饰中所使用的地毯、麻质布艺面料、屏风及壁炉等纹饰上都体现了"经纬编织""网""山""荔枝花"等意象。

用材方面，设计尽量采用石材、木材、皮革、麻质面料等体现天然质感的材质以及质朴的色调，在繁华与宁静之间寻求独特的亲切与舒适，配合诸多彰显品质的细节处理及灯光氛围，力求营造温馨雅致的空间氛围，给客人一份属于自己的、低调内敛的奢华，而不是表面的金碧辉煌。

设计师适当运用度假酒店的手法去设计城市商务酒店，充分解读"游憩商务"的概念。在设计客房时，力求为客人营造一种能够静心潜读且类似置身于"私享书房"的空间体验，既有家的温馨放松，又有工作的严谨，充满典雅、明净、柔和的生活气息，让客人在卸下商旅活动的疲惫的同时找到生活与事业的新灵感。

Wuxi Lingshan Juna Paramita Hotel

无锡灵山君来波罗蜜多酒店

项目地点：江苏无锡

项目面积：约 69000 ㎡

设计单位：上海禾易设计（原上海 HKG 设计公司）

主设计师：陆嵘、陆力行

参与设计师：黄啸、南平、苗勋、陆佳玲、沈磊、
周佳文、蔡欢、石泉、刘栋梁、王玉洁等

一层总平面图

　　波罗蜜多酒店位于云水相接的无锡太湖之滨、三面环水的马山半岛。酒店的室内设计延续着"拈花湾"的禅意精华，以"拈花、微笑、湾"的主题元素作为设计手法的铺展，围绕酒店的公共区、客房区、会议中心三大核心区域，营造一种静谧安详的气氛。它好似一个宁静的心灵港湾，随时恭候来宾到此感受禅文化的惬意从容。

　　室内环境以静穆平和的木石色调为主。在各功能主题空间分别点缀着"红桦""荷茎""釉白""钴蓝"等自然基色。它们相得益彰，各显其妙，也有着区别功能空间的作用。

　　室内构成的造型和纹理方面，设计师秉持平和的心态、对自然的尊重，撷山脉、祥云等自然元素贯穿于装饰、构件的轮廓，取云板、竹节、提盒等古风元素渗入到灯具、家具的形态中。由此，整体风格呈现出一种独具神韵的儒雅端庄，再辅以灵动的艺术品、画作和花艺装点，显得动静有序，令这个"禅文化"主题的酒店散发出东方禅意。

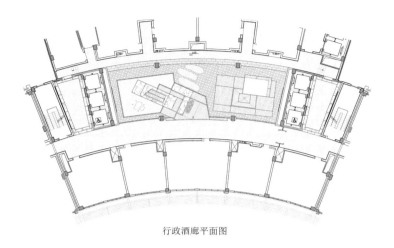

行政酒廊平面图

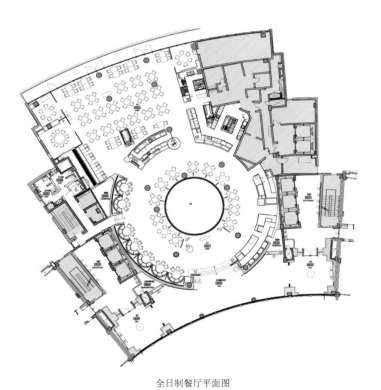

全日制餐厅平面图

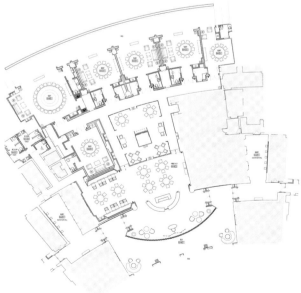

中餐厅平面图

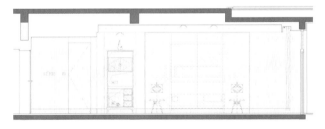

套房立面图（1）

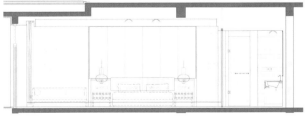

套房立面图（2）

The Grand Mansion, A Luxury Collection Hotel, Nanjing

南京圣和府邸豪华精选酒店

项目地点：江苏南京

建筑设计：IM Pei（贝聿铭事务所）

艺术顾问：Crown Construction

设计单位：HBA 墨尔本办公室

设计团队：Ilija Karlusic、Thiru Kandavel、Deanna Buscema、

Ambuja Hunt、Cassandra D´Silva、Elvin Tan

南京圣和府邸豪华精选酒店坐落于南京汉府街广场，与同处这一广场的六朝博物馆相呼应。

HBA从南京历史底蕴中汲取灵感，将这座酒店精心布置成一个充满奇珍异宝的"家"。酒店内部设计不仅包括独具特色的家具和艺术品，更营造出温馨和暖意。此外，设计还着意渲染低调的奢华。

步入酒店，到达大堂前台和酒廊，从地板延伸到天花板的红木书架上摆满了各类古玩和精美艺术品以及供客人闲暇时阅读的书籍，由此分隔出的小块空间营造出轻松的氛围。大堂的丝绒地毯、璀璨的吊灯和大理石地面则透露出奢华和大气。

酒店地处长三角经济区的核心地带，为会议和活动提供各类先进设施。宴会厅设计典雅，格局灵活，几何形状的吊灯让550平方米的空间尽显富丽堂皇。充满时尚感的功能前厅及另外七间不同规模的会议室里，有着精心挑选的艺术品和独特的设计作品装饰。

HBA为酒店内的四家餐厅和酒廊构思了独特的内部设计。橘暮全日制餐厅内有高高的天花板、镶木地板和华美的木屏风。悬铃阁中餐厅环境优雅，设有六个私人包间。熙园的气氛更为悠闲，在室内外皆设有座位。

酒店设有各种先进设施，包括健身中心、水疗中心和室内泳池。泳池设置在玻璃中庭内，以获得充足的自然光线。周围的各种盆栽灌木、树木和绿植营造出一派宁静安详的惬意氛围。

酒店的156间客房采用了独特的设计元素，利用不同材料和材质，包括皮革、青铜、漆器、丝绸和石头，共同奠定了奢华的基调。

Hilton Resort Wenchang

文昌鲁能希尔顿酒店

项目地点：海南文昌

项目面积：81000 ㎡

设计单位：HBA 洛杉矶办公室

主设计师：Darrell Long

完成时间：2015.6

图片提供：WillPryce （www.willpryce.com）

设计将海南当地的文化元素完美地融入这间五星级酒店中，以此向文昌的历史和传统致敬。为彰显文昌引以为傲的独特悠久文化，设计还着眼于地域特色和当代手法的珠联璧合。

文昌鲁能希尔顿酒店拥有432间客房，HBA的设计赋予了这间酒店妙趣横生的特质，同时又不失引人瞩目的风采。设计以茂密葱郁的森林、热带植物和中国南海的壮阔景致为背景，为文昌鲁能希尔顿酒店打造出与海南岛壮美风光融为一体的奢华室内设计。精心的设计布局营造出温馨开阔之感，与酒店自然环境的磅礴气势相得益彰。HBA充分利用酒店充满意趣的建筑风格，创造出许多亮点，既为客人呈现出耳目一新的感官体验，又为无与伦比的自然景色增添了魅力。

海天阁餐厅将海南岛当地的色彩、工艺和图案等元素融入其中，专门供应本地佳肴。酒店的另外一家餐厅——博卡意式餐厅也专门供应植根于航海传统的菜式。博卡意式餐厅拥有开放式厨房，厨房中间配备传统的柴火比萨炉。餐厅从意大利热情友好的待客之道中汲取灵感，为客人呈现悠闲放松的空间，与酒店舒适的氛围完美交融。"开"全日制餐厅奢华的暗色木制柜台与浅色的墙壁镶板和地板形成鲜明的对比，素净色调的软装饰彰显了餐厅注重原汁原味和健康餐饮的承诺。池畔的青蓝吧则采用更为有趣的手法，契合文昌享有的"全家休闲度假胜地"的盛誉。

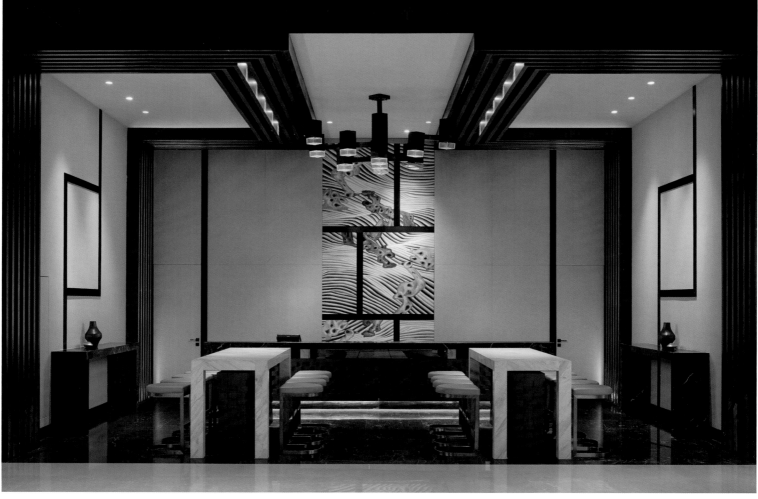

Park Hyatt Sanya Sunny Bay Resort

三亚太阳湾柏悦酒店

项目地点：海南三亚

总建筑面积：70542 ㎡

建筑设计：马来西亚 Denniston 建筑设计公司

室内设计：美国 HBA 室内设计事务所、新加坡银狐设计事务所
美国威尔逊室内建筑设计公司、美国库根建筑设计事务所

园林景观：新加坡 Burega Farnell 景观设计公司

完成时间：2015 年

图片提供：柏悦酒店

三亚太阳湾柏悦酒店位于海南岛最南端的太阳湾，是柏悦品牌在中国的第一家海滨度假酒店。建筑群沿着优美的私家海岸线呈拱形排列，拥有私家海滩，且整个区域被自然保护组织列为国家软珊瑚保护区，自然环境优越。酒店面积达七万多平方米，仅有 207 间客房。

本案的整体设计理念是打造一个海边私人府邸，以精致优雅的内饰体现出曼妙的东方式优雅。宾客可以随时随地感觉到家一般的舒适和便利，仿如身处私人宅院内。宽敞的室内连廊将六栋大楼彼此相连，以艺术品、画作和雕塑精心点缀于两侧，营造出多重混合的视觉效果。宾客走在连廊上，仿佛踏入静谧、纯净的艺术空间。

酒店由国际知名的酒店设计公司 Denniston 的比利时设计师 Jean-Michel Gathy 精心打造。酒店设计为后现代风格，建筑群由六栋独立大楼组成，大楼底部均采用拱门设计，以便更好地调节山脉与大海间的气流。酒店坐落在郁郁葱葱的园林之中，毗邻美丽的三亚南湖，每一座大楼的位置都经过精心设计，旨在让宾客欣赏到全方位的醉人美景。

大门的设计独特精致，由古典的上海石砖和红瓦营造出时代感。穿过走廊，进入到一个四层楼高的空间便是酒店大堂。这里视野越发宽阔，摒弃了豪华宽敞的平面布局，借挑高的天花板、巨大的落地窗让阳光洒满整个大堂。一处在视觉上仿佛无限延长的水景，则引领宾客探知广袤的南海景观。

大厅内，2.5 米高的艺术品大气典雅，木棂格子窗取代了密封落地板墙，左右两边约 20 米长的桌子上，陈列着各种独特精致的艺术品，给人以温暖亲切之感。

The St. Regis Macao, Cotai Central

澳门金沙城中心瑞吉酒店

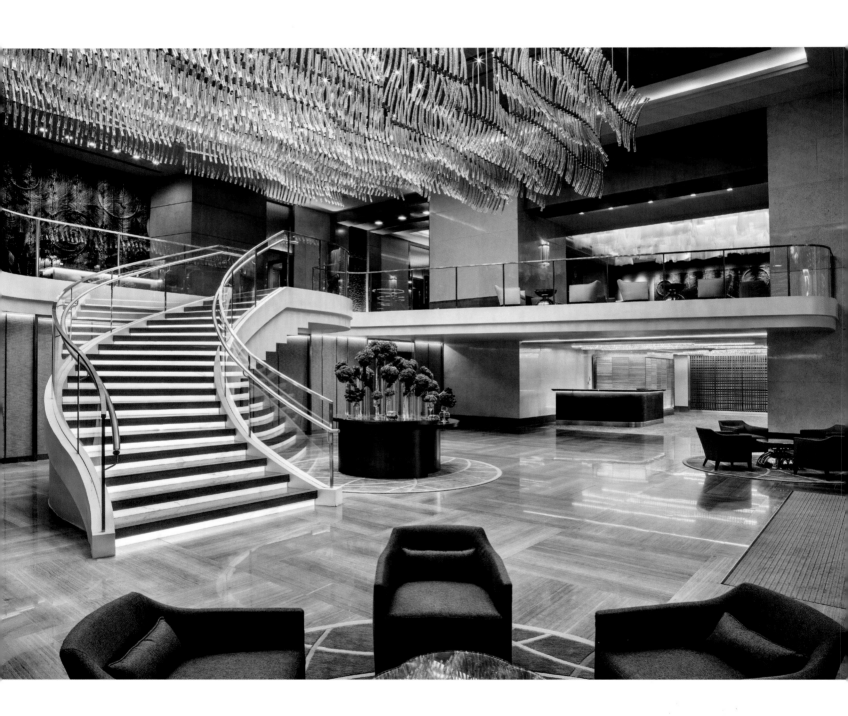

项目地点：中国澳门

设计单位：Wilson & Associates

设计团队：Wilson & Associates 达拉斯及纽约团队

主设计师：Jim Rimelspach、Dan Kwan

完成时间：2015 年

基于沿海的大环境，设计团队赋予了酒店避风港和船只的概念。整个酒店围绕着珠江、国际贸易和探索几大元素展开。

大堂区以现代的方式诠释了从古至今东西文化的交融。客人进入大堂，便会被艺术般的景观大楼梯所吸引。楼梯的波状曲线令人联想到船头。在标志性的酒吧内，装饰性壁画墙由几千块彩色玻璃拼制而成，创造出令人迷醉的场景。

客房区的走廊地毯仿佛是珠江的波浪一般。羊皮、青铜、玻璃、皮革和定制的乳白色亮漆饰面巧妙并富有层次感地贯穿于整个客房，既有澳门欧亚混搭的韵味又仿佛是路冰金光大道无声的呼唤。

Ahn Luh Resorts & Residences

朱家角安麓度假酒店

项目地点：上海
建筑及室内设计：艺臻建筑设计咨询（上海有限公司）（EZHEN DESIGN）
主设计师：冯智君 （Nicholas Fung）

　　朱家角安麓度假酒店的入口设计非常简洁现代，像一个盒子，把酒店内的老建筑包裹起来，让人们有打开盒子探索的感觉。门头设计给人以到达感和仪式感，采用木材镶嵌，营造出中式设计的自然感。有着六百年历史的五凤楼作为酒店大堂，本身就是个好故事，它原本是静静伫立于徽州休宁县的汪氏祠堂，后被搬来朱家角，在新的土地里扎下根。

　　目前，国内大部分酒店大堂会设计雨棚，虽然好用，但缺乏到达感。朱家角安麓度假酒店的定位是业主用来接待客人的家，强调回家的感觉。五凤楼是三进两院的结构，跨过大门，第一间庭院没有多余的设计，廊道上悬挂了灯笼。大堂内摆放的老家具是业主收藏的一部分，老建筑如果完全搭配老家具会失去突破性和现代感，因此设计搭配了一些现代风格的坐墩。搭配的过程很难，就像做一道菜放多少盐才最好，需要反复尝试。

　　进入第二间庭院就进入了酒店的室内大堂。设计师在庭院上空加盖了玻璃顶，使之成为室内外连接的空间。为了突出朱家角水乡的特色，地面铺设了蓝色地毯。空间内的现代艺术品很少，设计师希望保留老建筑原有的味道。大堂一侧放置了书台，上面有空白的书卷，入住的客人可以在此留下姓名、家乡、入住的感受等。十年、二十年后，这些记录会成为酒店的收藏，客人再次入住酒店时可以查找到曾经的记忆。

　　酒店的35间联排别墅式客房都位于休闲的绿化空间里。别墅是新建筑，与旧建筑之间相呼应，但没有沿袭老建筑，且沿袭老建筑会使设计失去创新。新建筑的设计带有绍兴风格，但整体上很现代。酒店共有三种房型，其中一种是两个卧室拼接在一起，配有客厅和泳池，是酒店最大的房型。客厅的屋顶借鉴了中国传统的木船的理念，设计成拱形，既现代又蕴含了中式味道。卧室设计追求简单与自然，使客人更容易放松。淋浴间的镜子可以隐藏，衣柜的设计也很注重细节。第二种房型是客户最喜欢的，每间客房都带有一个小庭院，可以供客人休息。整个酒店的庭院绿化都采用紫竹，植物种类不多，空间设计简单，但是空间的氛围很动人。

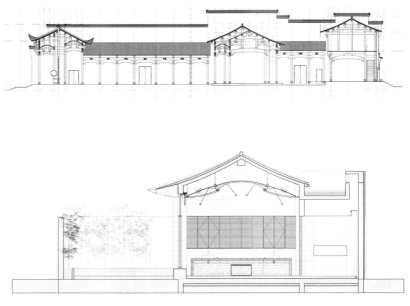

Yijing Cultural Boutique Hotel

驿境精品文化酒店

项目地点：安徽宏村

项目面积：2000 ㎡

设计单位：台湾大木和石设计事务所

设计师：陈杰

完成时间：2015 年

摄影：周跃东

设计将原有的徽派建筑的古朴风格完整保存。在老建筑的主要立面外观保持不变的情况下，设计时次要立面的窗户进行了扩大并在侧墙面新增了窗户，以便获得更好的透光和通风。整个院落由大大小小三个院落组合而成，功能区分清晰，利用传统回廊的设计衔接，使得栋与栋的联系恰到好处。在前院与后院，设计师通过引入活水的设计围合出静态山水；还尽可能地保留或移植了原有的树木。

酒店保留了老建筑的中间挑高部分，让人进入庭院后就如同进入一个茶文化生活体验馆，弱化传统酒店的固有模式，给人轻松、愉悦的空间体验。空间上注重公共的分享和动线的流畅，创造出舒适的环境鼓励人们轻松地交流。

设计采用实木、水泥、砖石等原始材料，力求简单、自然、纯粹。这些材料和原有的土坯墙相生相融，给人厚重感之余，整体上又和谐统一。

在整体空间设计上，通过将传统酒店前台改成酒吧吧台，将大堂空间改建成茶文化生活体验馆等方式，以一种轻松、开放的姿态，欢迎着来自五湖四海的人们。设计师从老宅的改造开始，逐步梳理出宅与宅之间的空间，将此改造为符合当代生活品质的精品文化酒店，整个空间格局规正，妙趣横生。古与新、内与外、明与暗、传统与现代的冲撞对比，交相辉映，和谐共生。

在家具配置方面，设计师采用当地特色的原木条、石臼，还有酒店主人收集的老家具，与现代简约家具形成冲突之美。总体来说，设计在最大程度地节省空间的同时，力求简洁，让空间透亮、清爽。在软装与装饰方面，采用茶主题元素，利用当地的蔬菜、鲜果、植被、鲜花与明快的布艺相生相融，营造一种轻松、舒适和现代的氛围。

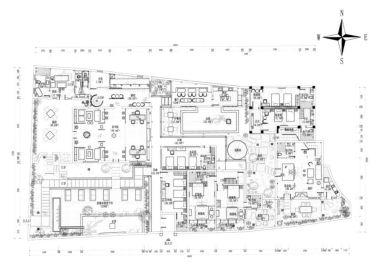

平面图（1）

平面图（2）

Jinjiang Metropolo Hotel (Hangzhou East Station)

锦江都城杭州东站酒店

项目地点：浙江杭州

项目面积：10000 ㎡

设计单位：HYID 上海泓叶设计暨叶铮室内设计事务所

主设计师：叶铮

参与设计师：熊锋、蔡斌

主要材料：各类肌理涂料、中花白大理石、背漆玻璃、陶瓷砖、PVC 编织毯、手工羊毛毯

完成时间：2016.6

撰文：叶铮

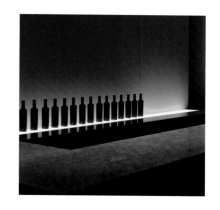

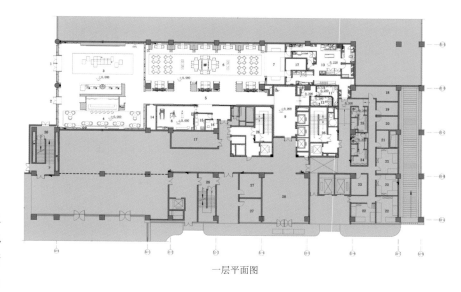

一层平面图

杭州东站是中国本土酒店业各大品牌云集之地。2016 年 7 月，锦江都城酒店开幕。同时，这也是都城品牌在杭州开设的首家商务精品酒店。酒店建筑面积约一万平方米，拥有各类客房两百余间，公共区域主要设置在底层。设计追求简单优雅的理性审美和时尚低调的价值立场。

原建筑有着巨大的体量，本项目位居建筑体中间段落。现场空间为纵深带状，被两侧相邻空间所裹挟。公共区域除入口外，墙面没有任何窗户洞口，为室内设计的空间组织与界面配合增加了难度。因此，进一步营造空间抽象关系和空间秩序，是设计伊始的关键课题。继而，设计在色调概念的基础上，通过材质的空间分配，完成各界面的层次划分与空间秩序。抽象关系的建构，使具体功能分区被赋予一体化的空间延伸与整体性。之后的陈设、照明、界面等专项设计，一并服从于由材质分配所形成的空间逻辑，从而体现"材质运用即空间"的设计思想。

室内设计以硬朗平直的造型语言，通过深色凹陷的垂直线分割为界面图案，形成宽窄不一的立面节奏，进而又使扩大的凹槽与水平向的盒状造型形成对比，并与餐厅地坪的条形码编织毯、大堂地坪的格子线手工毯相统一。同时，其与位处中轴空间关系中的矩形块状独立结构保持既对立又谐调的关系，共同组成室内设计"方盒"的造型概念。

除空间关系的一体化之外，机电设计的终端处理也是本设计的一大特点。空调风口被充分隐藏于立面深色的垂直凹槽中，或藏于立面固定柜子开口处的顶部，以此形成良好的气流循环与节能效果，同时又将风口对界面的影响降至最低。自制的陶艺陈设则是从莫兰迪的绘画艺术中得到启迪，在硬朗的空间中起到柔化功效。

本案的设计在简洁表象下，是丰富复杂的空间关系。在这个金色的盒子中，体现了比例与层次，肌理与质感的空间秩序，最终获得了空间整体理性的优雅气息。

Days Hotel, Guilin

桂林戴斯酒店

项目地点：广西桂林

项目面积：10170 ㎡

设计单位：深圳市山石空间艺术设计有限公司

　　桂林戴斯酒店是美国戴斯酒店集团（中国）在桂林的第一家四星级全权委托管理酒店，位于桂林市大尧山风景区，地理位置优越。酒店大堂天花板上的曲折光带展现出桂林山形的起伏变化与高低错落。

　　设计以桂花花瓣与疏密有致的竹枝无缝契合，再配以如银河般的灯饰，流露出清幽的意境和隽永的诗意气息。整体空间呈现出山水泼墨画的意象，形成一起一伏，一转一折的空间视觉意向表达，如安静的隐士般在静静诉说着桂林山水之美。

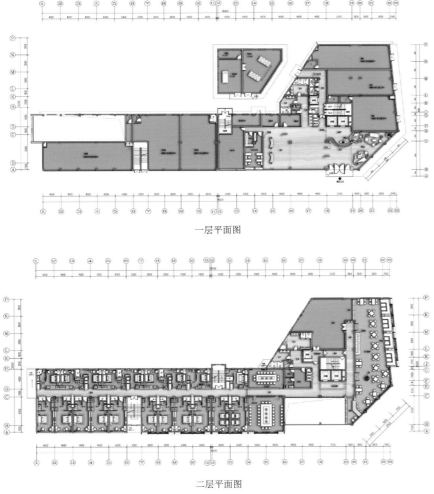

一层平面图

二层平面图

Shanwei Xiyue Resort

汕尾市夕月精品度假酒店

项目地点：广东汕尾

项目面积：1800 ㎡

设计单位：埂上设计事务所

主设计师：李良超、文志刚

参与设计：刘欣、姚尧梦越、何丽珍、严小霞

完成时间：2015 年

汕尾这座城市就像一只开屏的孔雀，带着浓郁而独特的地域特色，吸引着四面八方的游客。古老的建筑群、红瓦和祠堂也总是引人遐想，镌刻下岁月和时代的笑容。呼啦啦的渔船，久久回荡的渔歌，更像是一份祝福，一种仪式。

对于精品度假酒店而言，心理化的情感过程或者说是同理心的表达才是空间最真实的需求。连接情感和空间的媒介是光。光的存在是世间万物表现自身和反映相互关系的先决条件，它可以连通自然和人类，进入所有有形、无形的空间。在空间的设计中，设计师们将作为"拾光者"去探寻空间的生命。

木质纹理清爽自然，与阳光的色彩不谋而合，借助一天之中阳光的不断变化，材质色调与明暗不断变幻，带给人积极的视觉与触觉体验。

人们总是最先用视觉来感受环境，而在固定环境中，最先闯入人们视线的是色彩。整洁明亮的内饰搭配最容易将人的情感与海天相接的壮阔景象联系在一起，将感官体验提升到融汇交接的层次。

设计不一定要使用喧闹的色彩或者令人过目不忘的造型，或许仅仅是用了一点巧妙的材料，便勾起了一段情愫，给人们一个驻足的理由。空间采用了实木、水泥、砖石等原始材料，力求简单、自然、纯粹。朴实厚重的自然材料，总带给人莫名的亲切触感。

Confinement Service Center

岩隐/核筑

项目地点：中国台湾台南

项目面积：11900 ㎡

设计单位：近境制作

主设计师：唐忠汉

摄影：岑修贤摄影工作室（MW PHOTO INC.）

本案主要的设计概念为送子鸟的到来，并将它作为空间的主轴，安排不同的层次，创造空间的场景故事，将树影、岩石、足迹和巢穴化为空间的布局元素，以此象征宝宝们人生的开始。

总体空间包括大厅、卫生教室、看诊间、月子房和交谊厅。在医疗空间的平面布局上，设计安排了一个扩散的核心动线，由中心向四周发散，配合统一的服务动线。设计以"核"的概念演绎一种孕育生命的方式。从垂直动线的整合到隐私路径的安排，成功地解决了医疗动线问题。

空间场景以层叠的天花造型搭配石材的切割缩放，抽象化地呈现主题性的概念主轴。

整体设计都在暗喻生命到来的喜悦，营造出充满期待的空间体验。

突破传统婴儿室的立面造型，取而代之的是散落的光影开孔，让阳光穿透林荫在墙壁与地面间错落呈现。

Olive Commune 1966

橄榄公社1966

项目地点：云南昆明

项目面积：425 ㎡

设计单位：鱼骨设计事务所

主设计师：纳杰、吴浪

完成时间：2016.5

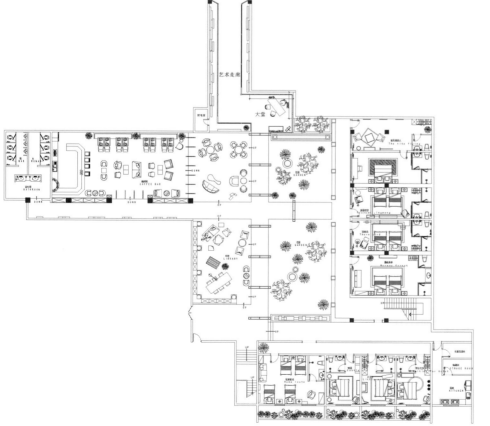

一层平面图

橄榄公社是一家文创酒店，同时也是一家讲究情怀的酒店。或者，从某种意义上说，橄榄公社不仅是一家酒店，它也是一个平台，一个聚集了无数有梦想的人的平台。

橄榄公社的每一个房间都以一本书的名字命名，比如《小王子》《挪威森林》《简·爱》等。每个房间都是一个故事，一个真正身临其境的体验。设计还配置了24小时营业的开放式书吧、咖啡吧、浪漫的法式小园林，让整个空间融合在一起，让橄榄公社成为一个充满文艺气息，让人思索后又不禁细细回味的空间。

Boda Hotel, Taizhong

台中Boda酒店

项目地点：中国台湾台中
项目面积：约1190 ㎡
设计单位：杨焕生设计事业有限公司
主设计师：杨焕生、郭士豪
主要材料：大理石、镜面、仿古镜、皮革、钢琴烤
漆、订制家具灯具
完成时间：2016.3
摄影：刘俊杰

六家设计公司受邀为一家酒店进行设计，演绎时间、梦境与真实、超现实、质变、光、原型六个不同主题的空间。其中，杨焕生设计事业有限公司所担纲的部分，主题为"梦境与真实"。

在一层大厅，设计师利用界面创造过道空间，令客人在行走间转变心境。这一处理手法使人们的视线因丰富的空间层次关系而驻留。同时在水平的视线中创造垂直线性的屏风，通过重复的元素表现美的本质。

大厅中有两只大象和叼着一片绿叶的鸟儿，象征着挪亚方舟寻找绿意的希望，这是设计师和艺术家邹骏升合作为客人捎来的一份心意。人们还能在墙上发现自己喜欢的作家的语句，又或是关于旅行的一句话，比如亨利·米勒所说的，"One's destination is never a place, but a new way of seeing things"，即旅行的目的不是到达一个地方，而是在旅途中体验看事情的新角度。在这里，许多框景的设置都是为了让人找寻到打动自己的记忆点——它可能是一个画面、一段字句。

二层的空间继续演绎真实的梦幻。设计采用了许多折叠的镜面，每一个30度的改变都出人意料。玄关处采用镜面玻璃盒的造型，它们大大小小彼此穿插，如同礼物盒子，暗示着下一刻的时光尚且未知，也因此令人充满期待。

在客房空间中，设计师将白色与大地色系作为虚与实的对立，其中点缀以蓝、绿、紫作为每间房间的跳色表现。一浅一深的色调时而让人感受到梦境的美好，时而让人感知到更多的自我能量。

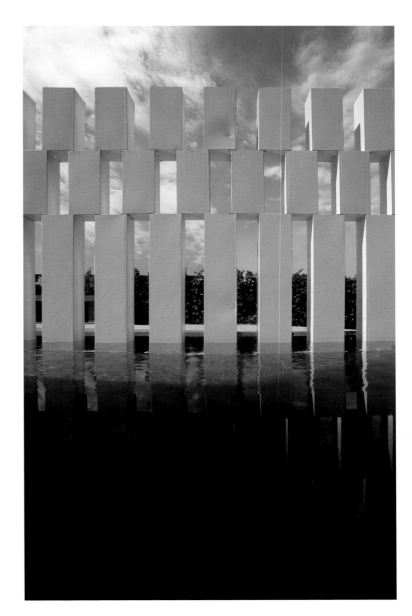

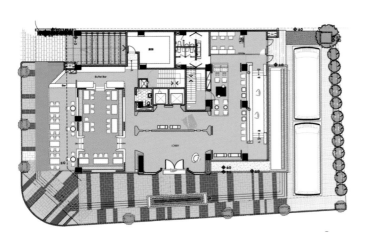

平面图

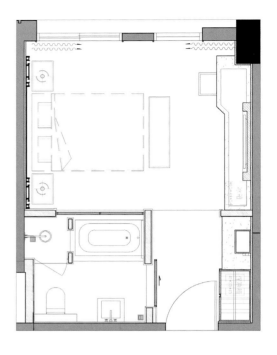

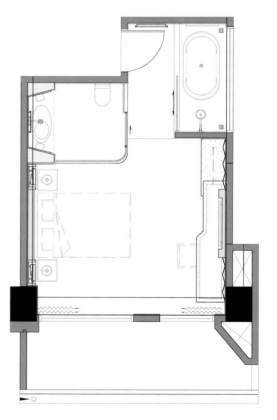

U Hotel

U酒店

项目地点：广西柳州
项目面积：9000 ㎡
设计单位：隐巷设计顾问有限公司
设计师：黄士华、孟羿彣、袁筱媛
完成时间：2015.12
摄影：SAM

U酒店的主色调是低彩度的大地色彩。这样的色调令每一位顾客感受到静谧，仿佛置身山林之中。整个酒店都令人感到心情舒畅，每间客房都是轻松舒服的，大厅也让人不舍离去。在设计的过程中，设计师将人文与环境的概念融入酒店的主题中，以人为本，使每位顾客都能以自己的角度去感受与欣赏。

大厅使用了很多木头，这些木头呈现在墙面上。酒店的其他空间也大量使用木质材料，包括房间里的实木家具。设计利用原石与毛石增加空间的体量感，配合瀑布的涓涓细流，绿化与水声使得酒店很宁静，别具禅意。

设计偏向解构的手法，不拘泥于成规，让设计与空间的结合更趋合理，同时独具一格。酒店是环保的、绿色的、有机的，令人为之感叹，原来这样的生活更舒适。

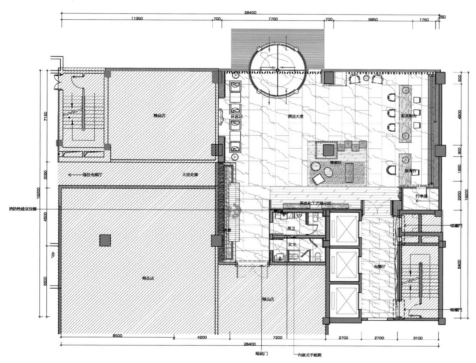

一层大堂平面图

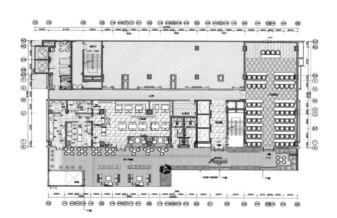

四层平面图

RESTAURANT

餐 厅

Yangjixing Fish Restaurant

杨记兴臭鳜鱼餐馆

项目地点：北京

项目面积：420 ㎡

设计单位：杭州象内文化创意有限公司

主设计师：程超

参与设计：林濛濛、宋高朋、陈强、郑凯

完成时间：2016.2

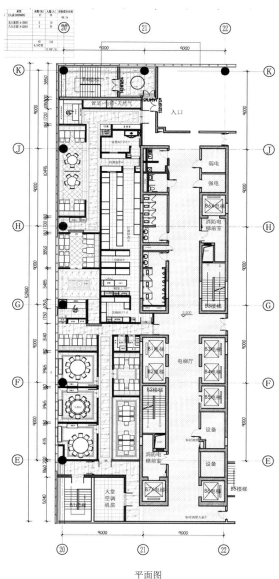

平面图

此案以"一个被现代社会遗忘的徽派旧梦"为主题。青灰的屋瓦呈现了一种朴素的民间生活。

素肌的粉墙、黝黑的屋瓦、飞挑的檐角以及高低错落、层层昂起的马头墙，展现了一幅宗族生息繁衍的历史长卷。穿行其间，思绪随着青石板步移景异，遥远的历史记忆渐渐复苏……

与"五岳朝天"并称的"四水归堂"是徽派建筑的主要特征之一。徽州的老房子多以天井采光、通风及与外界沟通，外墙很少开窗，因此老房子总给人一种幽暗的感觉。在此案设计中，设计师反其道而行，透明的玻璃落地窗作为介质，将室内风情框成画，使室内与室外之间的界限凭借另一种形式和角度得到消融。

设计是复杂的——亦动亦静、亦俗亦雅。精工细作的木雕窗棂，墙体中若隐若现的屋瓦，令人仿佛置身山水画中。

Centre De Vin Restaurant

Centre De Vin餐厅

项目地点：中国香港
项目面积：388 ㎡
设计单位：厘米设计
主设计师：谢小海
参与设计：张学利
完成时间：2015.12

本案位于中国香港鸿图中心。餐厅的空间宽敞，却有数量不少的横梁和结构柱。为此，设计师将梁柱设计成装饰品，额外加设灯壳和灯槽，减弱压抑感，让空间更具美感。餐厅设计简约，天花板保留水泥的原色，加上巨型的酒樽吊灯，带出一点欧洲古堡的韵味。与之搭配的云石桌子和舒适的椅子是粗犷与细致的完美结合，创造出舒适的用餐环境。

餐厅的一侧是一字形的吧台，采用金色砖墙堆砌，呈现出低调而奢华的感觉，其亮面的外观在视觉上扩大了餐厅的空间。设计师在吧台的上方设计了一排酒杯架，细心一看便会发现里面暗藏灯泡。酒杯架也是灯饰，实用而美观，看上去极具现代感。餐厅内设计有3间贵宾房，设计师选用通透的玻璃造型门，既可封闭又可敞开。不同区域之间没有了墙体的隔断，展现出空间的穿透感，创造出开阔的视野。

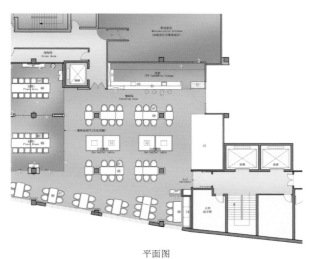

平面图

Ciao Chow

Ciao Chow餐厅

项目地点：中国香港

项目面积：350 ㎡

设计团队：Kokaistudios、刘永泰、付炼中

设计责任人：Andrea Destefanis、Filippo Gabbiani

设计经理：Kasia Gorecka

完工时间：2015.12

摄影：Ella Lai

文字：Henri Fruchet

翻译：王欣

这是一间位于兰桂坊加州大厦的意大利餐厅，Bite 餐饮集团希望 Kokaistudios 利用自身的意大利背景和餐饮项目设计经验，设计出一间吸引力十足的餐厅。

餐厅一方面使用了质朴的工业风金属材料和由地面延伸至墙面的水磨石，另一方面将高档的白色大理石运用于厨师工作台并使用了皮质柔软的座椅。二者形成了材质上的对比。宴会风格的座椅摆放方式鼓励了分享食物的行为，是意大利与香港餐饮文化融合的表现。

工业风格的带有铜质感的照明系统延伸于整个餐厅，并在入口处用大型吊灯画龙点睛。吧台区靠近入口，设有 24 个生啤龙头，提供由调酒大师道格拉斯·威廉姆斯设计的意大利鸡尾酒酒单上的饮品。入口处的拉门朝向人群川流不息的街道敞开，展现出欢迎的姿态。店内设置的两个大型比萨烤炉，则使 Ciao Chow 餐厅成为香港唯一一间获得 "Verace Pizza Napoletana"（即 AVPN 协会，位于意大利拿坡里，是专门认证传统拿坡里比萨制作方法的协会）认证的餐厅。

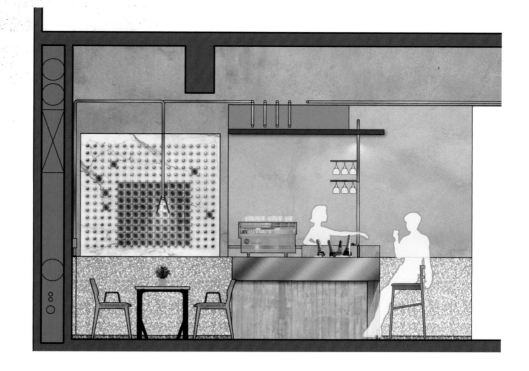

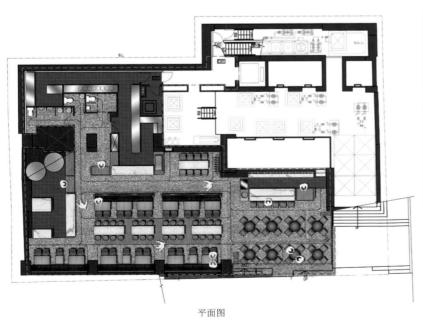

平面图

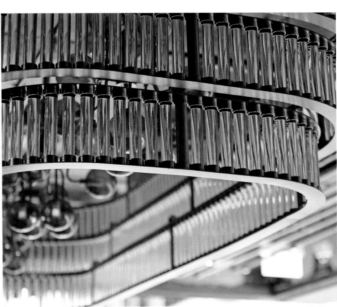

Enchantment

轻井泽拾七石头火锅

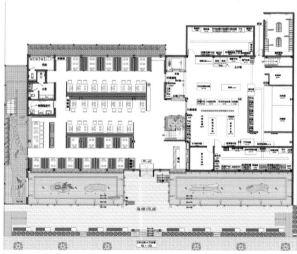

一层平面图

项目地点：中国台湾高雄

项目面积：1F：836 ㎡ / 2F：641 ㎡ / 3F：270.4 ㎡

设计单位：周易设计工作室

主设计师：周易

参与设计：杨淙琦

主要材料：文化石、铁刀木皮染黑、锯纹面白橡木皮、
杉木实木断面、旧木料、黑卵石

完成时间：2015.1

摄影：和风摄影、吕国企

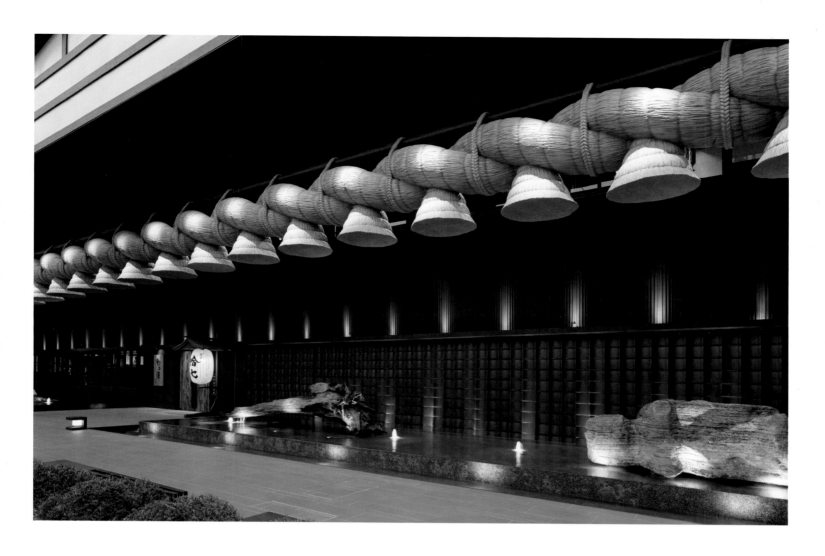

　　为了向食材、天地和精湛的厨师技艺致敬，设计将用餐空间视作充满灵性的空间，而本案的落成，正是希望透过设计、情境、语汇的铺陈，将用餐的过程提升到更高层次！

　　建筑自路边起向内退缩近八米，让出四米水景加四米等候区的充裕纵深，结合低台度、植栽矮篱、灯光设计、禅意水景以及水平视线的掌握，由外向内依次展现层层有景的起承转合，进而传递内敛的界限概念。

　　中央入口以巨大的黑铁牌楼象征里外，面镌笔力遒劲的"拾七"字样，恰与后方巍峨的建筑体量相呼应。建筑顶面使用双斜顶，彰显传统日式民居的剖面线条，檐下由 FRP 材质模拟巨大的稻草绳。在灯光的烘托下，交缠的麻质纤维肌理极其逼真，释放出一种既空灵又寂静的神秘氛围。

　　建筑外观的灵感源自日本神社，是古建筑静谧美学的再淬炼。设计使用企口板与黑瓦，勾勒出古朴粗糙的质感，体现静穆的氛围。横向展开的等候区两侧安排有水景，池间设有枯木和隐喻浮岛的景石。被烧空的木头形成精巧的水景，翠绿的草皮烘托景石，营造出一幅袖珍的画境。

　　进门首先见到以厚实岩块搭配实木台面砌成的柜台，而背景的竹编肌理则呼应灯光的明暗。一、二层个别安排景深幽邃的客座群落，四周尽是温暖的木头基调，半人高的轻盈木格栅分别自天、地发芽、伸展，完成多层次的划分界限的目的。客座上方悬挂数量颇多的鼓灯，幽微的光与不断来去穿梭的人影形成对比。

　　一层后部空间预留一米纵深打造采光天井，并栽植绿竹，华灯初上时更有如梦境般的旖旎。拾级而上，悬垂的枯枝经灯光投影，在墙面上留下变化的影子，成为迎宾的另类形式，局部梯间墙面以铁网格窗打开视野。二层客座区继续使用木格栅，使空间呈现出庄严的意象，末段的过道两侧分别设置水景与石砌柜台。

Baiyue Chinese Restaurant

佰悦轩

项目地点：安徽合肥

项目面积：890 ㎡

设计单位：合肥许建国建筑室内装饰设计有限公司

主设计师：许建国

设计团队：陈涛、刘丹

主要材料：砖、旧木、水泥、钢板

完成时间：2015.10

摄影：刘腾飞

该项目原是水泥设计院的老厂房，是由纵横两栋楼组成的 L 形建筑组合。原建筑内部都是空的，因此在设计时需要进行整体的空间改造。

从功能上出发，设计师考虑在室内新建楼板层，把空间划分为上下两层来提高空间使用率。但副楼的层高比主楼要矮，做成两层的话，层高是不够的。为了解决这个问题，设计师对副楼采取整体下挖的方式加以改善。然后，在主楼前面搭建了一个空间，以解决门厅和楼梯的位置问题，让两栋楼很自然地构成一个整体空间。

由于老厂房的建筑外观已被改建成徽派建筑风格，所以新搭建的门厅造型和材质都由徽派风格为根基演变而来。入口两边的竹节水泥墙面则表达出人文气息。从中间的石板路进入厅堂，可以看到两侧水池里有金鱼戏水，莲花朵朵。水泥盆里散开一束温润的竹，与竹节铁管搭建的屋檐相互映衬，通过整体的简洁和调性传达出一种君子之风。

穿过拱圆形的门洞，就进入到厅堂。这里最大的亮点是楼梯上方整面的玻璃顶。在楼梯踏板和墙面上都可以看到一束束竹形状的光影，如诗如画。

在空间内部的装饰方面，考虑到本案的预算限制和实际情况，设计在保留了原建筑砖墙的基础上只进行了简单的装饰。

空间以走道和包厢为主。走道的低照明与狭长、有序列感的陈设共同营造出空寂的感觉。包厢的设计增加了白墙和线条分割，也成为一种装饰，营造出简明之感。

Buzheng Vegetarian Restaurant

不诤素食馆

项目地点： 新疆

项目面积： 750 ㎡

设计单位： 大木叙品设计

主设计师： 蒋国兴

主要材料： 黑色荔枝面大理石、木拼条、斧刀石、方管

本案是一个主打素食的餐饮空间，分为二层，一层为接待收银区，二层是包间和卡座区。

进入大厅即可看到一整面的白砂岩墙面，中间设计了一个小小的六角窗造型，两边摆放着中式椅子和落地灯，既简洁又古典。内凹的壁龛在灯光的照射下发出淡黄色的光，其他三面墙均以木格作为装饰，斯文又透气。顶面弧形的竹编看起来像中式走廊的屋檐。

往里面走，斧刀石的墙面粗犷又大气。等待区的中间规划了一处水景，有山有水还有小船，顶面还飘着一朵云彩。透过六角窗，可以若隐若现地看到前厅。黑色方管和铁板组合的层架插满了不规则的小木块，很好地起到了装饰的作用，又有一种质朴的感觉。

服务台延续了隔断的造型，木质的小花格静静地立在那里，黑色层板架上摆满了红酒，玻璃层板上面发出淡淡的黄光，红酒在灯光的映衬下一层层静静地排列着。墙面是一幅巨大的黑白水墨画，顶面的设计延续了前厅顶面的造型。

设计在楼梯下面做了一个枯山水景观，白色的粗沙、尖尖的石头、挺拔的枯树，与水景形成鲜明的对比，一动一静，一实一虚。

二层走道采用木拼条的造型，墙顶结合，地面采用亮面的黑色地砖，土陶罐随意地摆放着，整个空间没有多余的灯光，简洁又素雅。卡座区延续了一层的隔断造型，顶面设计了窄窄的天窗造型，透过玻璃，微弱的月光洒进室内，偶尔还能看见点点繁星。

包间采用了条砖、斧刀石、海藻泥、黑白壁画等质朴粗犷的材质，搭配简洁的中式家具，点缀着白桦木的装饰，营造一种自然、素雅的空间氛围。

洗手区的墙面贴满斧刀石，地面则是亮面的黑色地砖，二者形成鲜明的对比。台盆旁边的枯木在灯光的照射下愈发显得宁静。卫生间则采用了黑色的荔枝面大理石，低调而深沉。

Noodle Diner Sanlitun SOHO

三里屯SOHO面馆

项目地点：北京

项目面积：200 ㎡

客户：隆小宝餐厅

设计单位：Lukstudio 芝作室（lukstudiodesign.com）

项目总监：陆颖芝

设计团队：蔡金红、黄珊芸、王峰、林溢晔、Alba Beroiz Blazquez、
Marcello Chiado Rana、林宝意

完成时间：2016.3

摄影：Dirk Weiblen

在本项目中，芝作室进一步探索使用铁架与钢丝塑造空间的可能性，延续了"晾面架"的概念，创造了层次分明的餐饮环境。

在门厅处，两个通透的窗口将厨师备餐与食客用餐的景象分别凸显出来。食客经由厚重的铜边锈铁大门进入，可以看到不同的用餐区域。裸露的原始墙面、锈铁框架、木质桌椅与壁龛，设计师运用统一的材质和元素营造了三个不同的空间。第一个架子里设有三排长桌与吧台，最适合繁忙的白领一族；第二个架子里配有长沙发和雅致的装饰瓷器，用以招待用心品味美食的慢食客；第三个架子是双层挑高的楼梯中庭，在这里不仅可以款待一桌好友，亦可以近距离享受店中的视觉盛宴：垂下来的标志性"钢丝面条"以及悬浮其中的光影点点。

铁架由一层继续向上延伸，沿着楼梯进入二层包房区。"钢丝面条"在这里经重叠悬挂分隔出不同的空间。这些可看穿的虚幕散发着空灵缥缈的气质，令面馆独一无二。

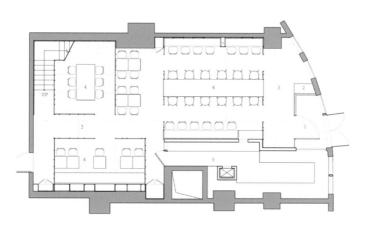

一层平面图

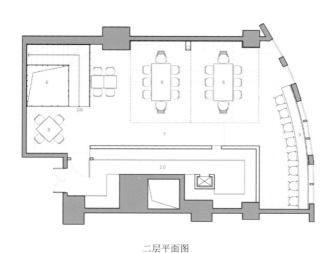

二层平面图

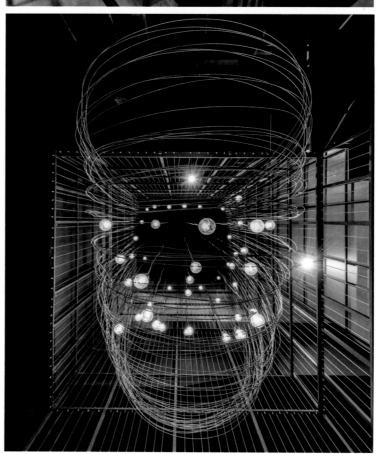

Xiding Dumpling Restaurant

喜鼎 · 饺子中式餐厅

项目地点：辽宁大连

项目面积：200 ㎡

设计单位：RIGI睿集设计（www.rigi-design.com）

主设计师：刘恺、刘子民

主要材料：藤编、GRC 倒模、马来漆、大理石、铁板、金属雕刻、高密板雕刻

完成时间：2015.8

摄影：刘子民

撰文：毛博

　　本案是喜鼎饺子在全国的首家旗舰店，业主希望打破现有连锁品牌固有的快餐化大众品牌形象，创造与众不同的体验式餐饮休闲空间。

　　该店铺整体门头较宽，为设计师提供了理想的设计环境。在门头设计上，采用大面积水泥质感的灰色浮雕墙面处理，墙面的浮雕花纹根据藤编图案 1:1 开模制作而成。饺子是一种古老传统的食物，而浮雕藤编图案有一种化石感，从而加深了空间的时间印迹，并与饺子产生了一种隐喻的呼应。

　　运用金属雕刻的传统几何图案格栅，与入口处的开放式厨房明档和白色大理石台面相呼应，体现其新鲜、手作、朴素的品牌精髓。

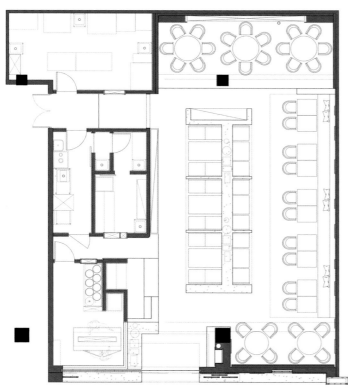

平面图

内部空间风格则是门头简洁、大气风格的延续，共同塑造出通透的整体空间。中央为卡座区域，使用传统几何纹样的格栅镂空造型，在空间上进行了视觉化的分区。设计配合错落有致的吊灯与圆弧倒角的吊顶，旨在增添空间的趣味性与增强区域的可读性。传统书法字体的"喜鼎"标识与摆放有饺子和餐具的立体墙面装饰，均体现出设计师的匠心，再加上藤编材质的柜体贴面与藤编框的布置，更增添了一种朴实的风格。

餐厅的风格布局以舒适为导向，针对以小型聚会为诉求的消费者定位，餐厅灯具设计也以点光重点照明为主，整体风格雅致、简约而清幽私密，为消费者打造一个错落有致、更具层次感的体验空间。同时，设计还设置了风格鲜明的带有海洋元素的客座区域，为该店铺的主打产品——海鲜水饺提供了遥相呼应的点睛之笔。

设计通过传统古朴的藤编元素，用心的材料搭配和现代化的工艺，打造出一个细腻、精致而质朴的空间，这同时也是对"喜鼎"东方传统精神的现代化诠释。项目不仅是该品牌终端风格的新尝试，也是品牌终端形象的一次大胆的探索和突破。

Changtan Yihao Tea Club

长滩壹号餐茶会所

项目地点：四川成都

项目面积：600 ㎡

设计单位：重庆默存室内装饰设计咨询有限公司

设计师：季青涛、洪梅

主要材料：原木、乳胶漆、石材

完成时间：2016.5

　　2015年底，融创集团在成都的别墅项目长滩壹号的销售中心需要改造升级，主要目的是丰富区域内的生活体验，增加若干私享空间。而本案呈现的是其中一小部分相对独立的餐茶分享区，这也决定了会所特有的空间气质的定位。

　　20世纪初，建筑先驱们提出了"少即是多"的生活美学，如今它依然盛行，只不过出现了更多不同的诠释。之于本案，设计师巧妙地将这种诗意栖居的美学移植到会所空间中，让东方的"静"与西方的"净"加以结合，为简约的精致赋以静谧的情绪，在多与少、黑与白之间，演绎不同的人生哲学。

　　会所内的空间架构深得东方气韵，于平淡中有惊喜、有温暖。设计师试图为使用者提供一处宁静、舒适的体验场所，让人安静地融于这自然中。大面积木作和水墨画的灵动、古灯的空灵、梅花的清雅，这一系列中式元素恰如其分，使得这方空间瞬间有了底蕴，也有了意境，于简约之中散发出浓烈的中国禅意情怀。同时为迎合人居环境低碳环保的理念，本案严格控制材料的种类，原木、乳胶漆的重复使用，带入老树、马头墙、花窗、梅花等传统元素，烘托出一派"心静人舒"的惬意。

生活有许多美妙的细节，同样对象放在不同的位置带给人的感受有天壤之别，比如本案入口处的铺首原本是门饰，通常出现在大户门上。而在本案中，设计师用画框裱之，使之成序列出现，如同可爱的小宠物般诙谐，妙趣横生，同时提醒客人正在进入一个全新的空间。

墙面上一幅浓淡适宜的水墨长卷，不自觉就将人带入画里的世界，阳光透过木格栅的空隙穿透进来。光影斑驳，亦古亦今。

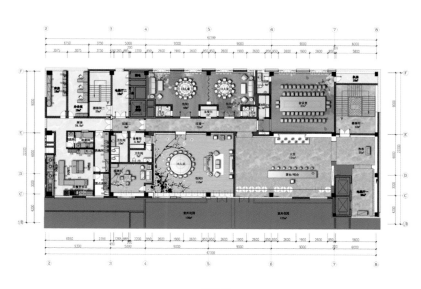

平面图

TOKU Japanese Restaurant & Bar

TOKU新派日式料理

项目地点： 广东深圳

项目面积： 864 ㎡

设计单位： 深圳市艺鼎装饰设计有限公司

主设计师： 叶俊峰、王锟、刘进、朱真

完成时间： 2016 年

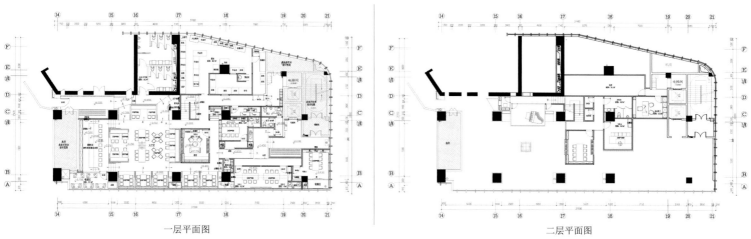

一层平面图

二层平面图

作为一个新派日式料理餐吧项目，高水准的纯正日式料理出品结合奢华的私人会所氛围是 TOKU 独有的品牌形象。餐厅选址的特殊性决定了其目标客户大都为各行业的精英与成功人士，所以本案整体设计定位为简约大气的现代日式混搭西式风格来彰显该餐厅独有的文化。

在空间整体结构的处理上，设计师根据原空间本身 5.1 米的层高大胆设想，采用钢结构将其分隔为两层，并结合"盒子"的概念做出错落有致却又不显逼仄的多层视觉效果。

从餐厅正门到进入餐厅这个过程，设计师采用以小见大的手法，设计了一条矮小狭长的暗道，走出通道才能感受到内厅的别有洞天，给食客们带来了一种"探寻仙境"的体验，就像陶渊明在《桃花源记》中描述世外桃源的入口——"初极狭，才通人。复行数十步，豁然开朗"，前后截然不同的视觉落差让人仿佛进入了一个与世隔绝的独立空间。

TOKU 的新派体现在它虽然提供最传统的日式料理，但在环境体验的诉求上却希望做出西式酒吧的时尚动感。舞台区和吧台区为餐厅带来自由活跃的气氛，让食客在品尝美食与美酒的同时还能享受一场华丽的视听盛宴。

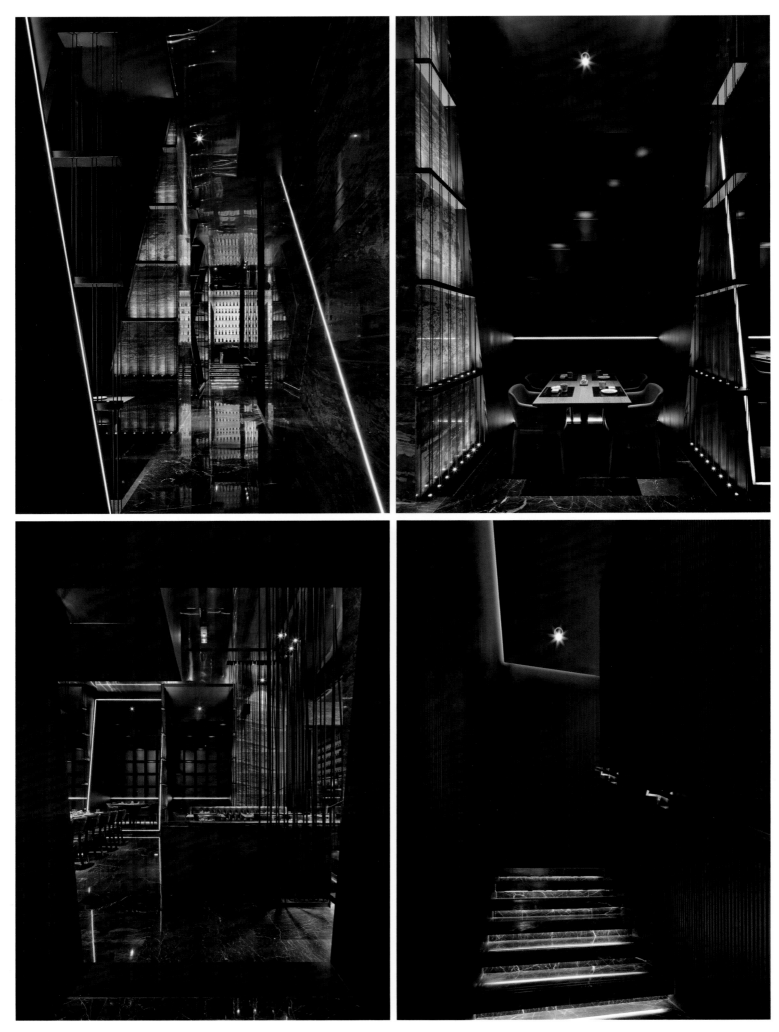

Sketch Bar & Restaurant

素描酒吧与餐厅

项目地点：上海
项目面积：150 ㎡
设计单位：HWCD
主设计师：林宏俊、孙炜
完成时间：2016.2

店名"素描（Sketch）"取自设计师们工作的状态。在这个英伦复古风格的空间内，展出着数十件妙趣横生的设计师手稿。如何将英伦复古风格的各种设计素材融合在一起，同时符合现代人的审美，是本次设计最大的挑战。

设计师通过选取多款极富设计感的壁纸，根据色彩搭配，铺设于用黄铜条围合而成的镜框内，使得空间内的装饰元素丰富而不杂乱。壁纸再配合造型简洁的复古风格家具，在保持室内整体感的同时不显繁复。

踏入餐厅，如同走进一间精致的英式书房。灰色墙面镶嵌着黄铜装饰线条及经典铆钉。大面积书籍图案的艺术壁纸塑造了理性的阅读空间。墙面局部毛毡面料配合锈镜的点缀，使空间分外迷人。

餐厅内的壁炉是设计师们搜集而来的乔治时期古董。其精美而隽永的雕花细节、永恒的艺术气息，为设计师们提供了一个享受创作的空间。

整个餐厅的设计装饰都由HWCD的设计团队一手包办。从空间的分割到立面细部的刻画，从材质面料的挑选到软装饰品的摆放，都凝聚了设计师们的心血。其中，顶部满铺的云朵墙纸，以简洁的灰白两色细腻地展现了如梦境般的自然天空，令人不禁浮想联翩。在相对素雅的背景衬托下，摆放着色彩更为丰富的定制沙发。金盏花橘色和蒂芙尼蓝色皮料与精致复古的绗缝细节相得益彰。

Café de Samuel

初乐甜点餐厅

项目地点：中国台湾

项目面积：280 ㎡

设计单位：宸轩室内装修有限公司

设计师：何家胜

主要材料：铸铁、石材、进口花砖、不锈钢、南方松、柚木地板

完成时间：2016.1

摄影：Barret Huang

在有着台北后花园之称的宜兰，一间旧谷仓随着岁月的变迁，被封闭了 30 余年。而老屋曾经的繁华，将会通过设计师的改造获得重生。

原本的老屋是一间谷仓，所以除了梁、柱以外，并没有架设板层楼，只有简单的几根木桩和夹板铺设而成的楼层通道，经过岁月的磨砺，早已腐蚀殆尽。施工初期，除了保留原有的梁、柱外，其余的部分皆拆空了，借此彻底地将这间老屋重建，也做了应有的结构补强。

建筑外观造型采用法式风格，搭配湖水绿的颜色，矗立在乡间田野中十分醒目。一层一座近百年历史的铸铁旋转梯，来自于法国波尔多酒庄，飞越大半个世界来到这里。为了衬托它的光彩，设计师特地找了古典花砖与之搭配。优雅的法国老家具、古典的旧沙发都是远从法国南部进口，就连化妆间的大理石洗手台都有着百年的历史。

上到顶楼，一盏落落大方的水晶灯，映着落地窗外的空中花园。山边夕阳西下，夜晚灯光亮起。由此，这栋曾被遗忘的建筑获得重生，继续它的繁华。

Be in Flower and Fruits

花食间

项目地点：新疆乌鲁木齐

建筑面积：720 ㎡

主设计师：蒋国兴

主要材料：木拼条、银镜、大理石、绿植、实木地板本案位于新疆乌鲁木齐公园北街，由大量的植被树木所覆盖，其间有亭台楼阁，使其仿佛置身于江南。这里闹中取静，为顾客提供了一个舒适的就餐环境。

本案为艺术与智慧的高度统一，主营西餐，设计师摒弃了以往的设计风格，创作了一个全然一新的世界——沉静、复古、富有文化气息而又时尚鲜活。

在空间划分上，设计师没有刻意地强调某一部分，尽量做到开敞、通透、一目了然。

进入大厅，顶面为波浪形镜面马赛克，映衬墙面起伏的绿植。木纹大理石地面与绿植、天空构成气势恢宏的画卷。顶面一条铁丝网状灯带，贯穿整个空间，蜿蜒曲折，如天边飘来的云彩。

服务台同样为弧形，与顶面、墙面相呼应，宛如白色丝带在空中飞舞。

本案在软装方面运用了大量色彩，使得整个空间动感十足。蓝色的灯，粉红色的餐椅，无一不透露着时尚的俏皮感。

包间使用米灰色墙面，顶面为镜面马赛克，再加上软装配饰用色的搭配，增添了许多跳跃感。

散座区使用木色做旧的墙面并配有白色的画框，简洁大气。这里原本是封闭的空间，设计增加了两个假窗，给人以无限遐想的空间，其与左边墙上的绿植共同营造出一个温暖舒适的就餐氛围。

Xupin Teahouse

叙品茶事

项目地点： 新疆乌鲁木齐

项目面积： 270 ㎡

设计单位： 叙品设计

主设计师： 蒋国兴

空间陈设： 品三品陈设配套

主要材料： 土砖、竹子、红瓦片、做旧实木板、木拼条、竹编灯

这样一个需要细细品茶，慢慢享受时光的空间，自然需要原汁原味的设计。设计师主要使用竹、瓦、土这三种来自于自然的材料。

入口处是一道长长的竹林景观。过道的竹林由细细的枯竹组成，灯光从后面的墙上透过竹林散发到地面上，而细看地面，竟是一片片红色的瓦片，连屋顶用的也是同样的材质。

过道尽头的接待台用粗犷的山石材料做成，顶上是由竹扁担做成的吊灯。通往洗手间的过道地上放了几个竹编的装饰灯，圆形的造型憨态可掬。灯光透过竹编的缝隙照在墙上和地上，烘托出温暖的气氛。洗手间使用了红色的古砖和原木色的洗手台。

过道使用的是宽窄不一的原木板，巧妙地把包间的门隐藏在一面墙里。每个包间的门上都有一盏用瓦片做成的小壁灯。包间墙面使用土砖，顶面用粗的竹子做了梁。茶桌由旧木头做成，桌子上则用一根弯弯的扁担做成装饰灯。

另一个过道有高高的隔断，因此用黑色的方管做成框，中间填满了红色的瓦片，把过道分成两条。过道的尽头是一处水景，水底有几块尖尖的石头。水景背后是一面镜子，水景上方是两排竹编的装饰灯。从镜子里看，一层又一层的都是竹编灯，使空间显得很深。

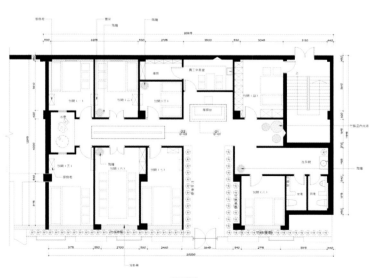

平面图

Kingdom Restaurant

金桃餐厅

项目地点：浙江杭州

项目面积：845 ㎡（一层 415 ㎡，二层 430 ㎡）

设计单位：杭州观堂设计

设计师：张健

主要材料：水磨石、地砖、白墙、工业灯

完成时间：2015.6

摄影：刘宇杰

撰文：汤汤

综合体 31 间是一个由 31 Space 艺术空间、金桃餐厅、虚谷设计酒店、元白展厅组成的集合空间。

31 间坐落于杭州留和路 139 号东信和创园内。初建于 1958 年的老厂房，在历经 50 余年的风雨后，华丽转身为创意园区。31 间正是之前第 31 号厂房，占地面积 1100 平方米，挑高 10 余米，巨大的双人字顶木梁结构令人感觉震撼。

31 间的创始人之一，同时也是总设计师的张健在对老车间进行改建和设计时，保留了时光印记里原有的斑驳，同时又赋予它现代与时尚的气息。岁月的痕迹充实着建筑本身的气场，又与极简复古的设计互相渗透。

金桃餐厅 10 余米的挑高被打造为两层空间。坐在二层用餐可以近距离观察巨大的人字形木梁顶，令人印象深刻。

难得一见的古董甲壳虫车、20 世纪中叶的经典家具、复古摩托车群与工业时代的灯具，都映衬着斑驳的墙壁，在人字形木梁顶下与人群自如地共处。

LEISURE SPACE

娱 乐 空 间

Exploded Cinema

Exploded电影院

项目地点：湖北武汉
项目面积：6200 ㎡
设计单位：壹正企划有限公司
主设计师：罗灵杰、龙慧祺
完成时间：2015.1

这个充满电影感的设计，观众在最初踏入电影院范围时就能感受得到——电影大堂装饰着多个形状不一、排列无序的立体形状装置，整体设计以黑白为主，带出未来的科幻感，让影迷犹如置身于三维的电影场景之中。倾斜程度不同的长方体售票处与小卖部，形成不同的角度，它们隐身于科幻背景当中，令人联想到擦过天际的陨石或迷幻的二次元空间。售票处的天花板位置有一块长方形的 LED 屏幕，既可以播放电影，又可以显示不同的图案，增添了设计的未来感。地板由不规则的图案拼凑而成，黑色石搭配白色的花纹，砌出多个不同的几何图案，充满神秘感。

走廊设计继续将科幻的感觉延伸，多个白色的立方体向四面八方伸展。它们由金属制成，外层则喷了白色喷粉。这些不规则的立方体带来与众不同的视觉效果，它们相互交集，有些更伸展成座位，供人休息，却又不妨碍相互的发展。天花板上的射灯同样为柱状，向不同的方向、角度散发光芒，令这个科幻场景更添立体感。

洗手间的天花板同样有多条立体柱状物向下延伸，多个方形的洗手盆犹如未来世界才会出现的不规则立方体，将科幻感推向极致。放映厅的周围是数以千计以吸音板制成的立体盒状物，它们呈现出灰色调，每个角度不一，另外还有些是胶质发光的立体，它们隐藏于这些盒状物之中，为影厅再增添神秘感。

贵宾房则继续以立体形态为主，宽度不同的黑白间条更能显示出其独特之处。

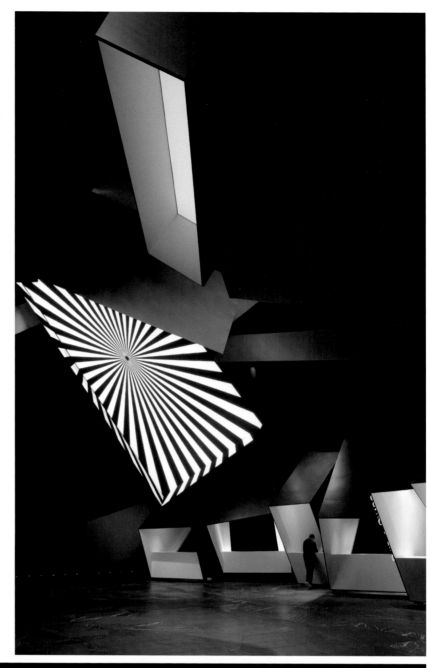

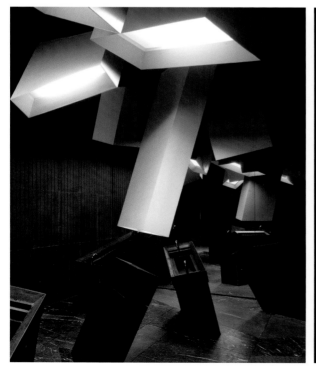

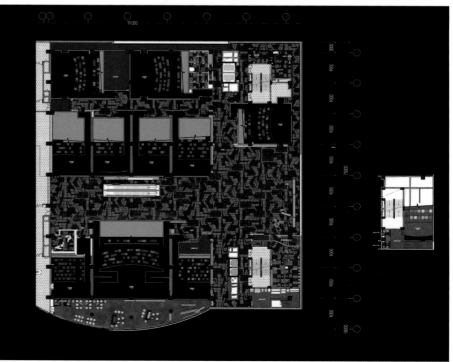

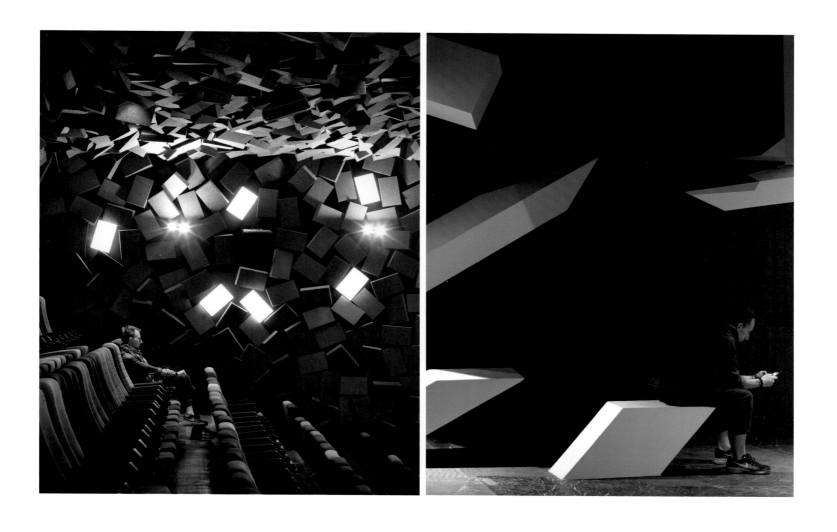

MILL 7 Whiskey Bar

MILL 7威士忌酒吧

项目地点：浙江杭州

项目面积：300 ㎡

设计单位：杭州观堂设计

设计师：张健

主要材料：水泥、铜艺、木质、铁艺

完成时间：2016.6

摄影：刘宇杰

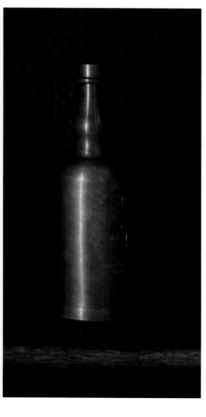

　　七位来自各行各业的男士因为 2015 年秋的西藏自驾之旅而结缘，因此打算共同打造一家名为 MILL 7 的威士忌酒吧。

　　在设计过程中，"有趣"成为大家共同追求的目标。进入接待厅，人们根本体会不到酒吧的氛围——复古的书桌椅、老柚木书柜、生机盎然的绿植、地面的六角砖，这里更像是一家安静的咖啡馆，而闻不到任何酒的气息。来访的客人需要主动寻找被隐蔽起来的入口，这大大地激发了客人们的好奇心。

　　进入酒吧的室内空间，一边是难得一见的各类特殊藏酒，一边是十米高的酒墙，其间各类威士忌酒琳琅满目。

　　来到二楼，你将会看到一面反光的玻璃墙。千万别以为这就是走廊的尽头，如果你仔细寻找一番，将会发现另一个隐秘的小机关，然后可以进入另一个神秘天地。在这里，你会发现与 MILL 7 名字相呼应的不同画面：7 盏灯、7 个吧凳、7% 的灯光亮度，还有窗外的 7 块枯山水……

Jack Club

杰克酒吧

项目地点：江苏苏州

项目面积：1200 ㎡

设计单位：深圳市新冶组设计顾问有限公司

主设计师：陈武

参与设计：新冶组设计团队

主要材料：昆仑玉、斑马石、松香玉、仿石砖、艺术漆、氟碳漆、艺术玻璃、锻打金属、黑钛金、不锈钢仿古板拼花、铁艺网、铜片、老船木、云石透光板

完成时间：2015.12

杰克酒吧位于江苏吴江新城区，1200平方米的娱乐空间耗资2000万元，成就了这家具有江南特色的高档商业娱乐场所。

设计并不只是追逐某种风格，而是揣摩经营者对这个空间的热忱与期待，继而捕捉创意的元素与能量。在充分了解经营者和经营模式的前提下，设计师将苏派建筑风格的传统元素镂刻于立面上，衍生出客制化的专属魅力。

在休闲娱乐产业门店饱和的今天，稀缺的设计往往更具有优势，中式酒吧的出现很好地契合了部分人群的心理。对于习惯了酒吧光怪陆离气氛的人们来说，中式风格酒吧低调而神秘的空间氛围颇让人好奇和着迷。设计融入了苏派建筑、园林的风格和特色，镂空雕花屏风、圆形洞门，还有烛台吊灯、鸟笼式的舞台……为酒吧增添了一种时空交错的氛围。

设计将儒雅的文化环境与酒吧娱乐融合，既吻合现代人的娱乐需求，又能充分体现传统中式的典雅风味。在室内软装方面，设计采用褐色真皮沙发，配上传统中国红的灯光设计，以及传统的屏风和隔断元素，更好地适应了酒吧这个特定的场所。

Milexing KTV

米乐星KTV

项目地点：湖北武汉
设计单位：开物设计
设计师：杨竣淞、罗尤呈
主要材料：马赛克、石材、玻璃钢、各色镜面、人造皮革、喷漆

　　本案意在颠覆人们对 KTV 既有框架的概念与视觉感受，借由前卫与童话般的元素或语汇，建立乐园般的奇幻场景。团队引入童话乐园式的概念设计，将小丑、独角兽、兔子等各式元素放大比例来呈现，让来此欢聚的人们俨然成为缩小后的爱丽丝，仿佛不小心闯入了一个华丽而优雅的有趣空间。

　　在材料的选择上，设计摆脱传统商业空间惯用的一些不耐用的材料，同时拒绝材料的拼贴，注重通过视觉、影像、色调传递魔幻的情境。如果把大厅与公共空间视为乐园，消费者是空间主角，唱歌的包厢便是森林洞穴。设计师通过灯光的明暗层次设计出空间氛围，将人和音乐作为主角，同时利用色彩作为包厢的分类依据。

　　设计运用森林里的各种动物象征各种大小的包厢，透过光的氛围展现出娱乐空间独有的意趣，带动整体的活跃气氛。例如，贵宾室运用了旋转木马、国际象棋的主题来增加故事性和娱乐效果。总体来说，本案以大型的游乐园作为创意，整合休闲多元化的概念，通过设计、灯光、语汇和造型建立了另类的复合式空间。

Gold Coast KTV

金海岸KTV

项目地点：江西婺源

面积：5500 ㎡

设计单位：维野（福州）室内设计有限公司

完成时间：2015 年

摄影：周跃东

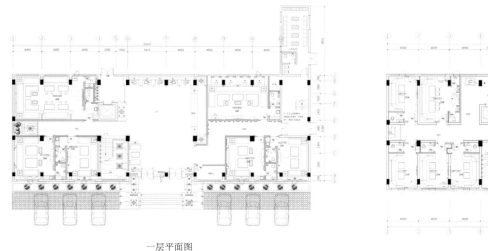

一层平面图

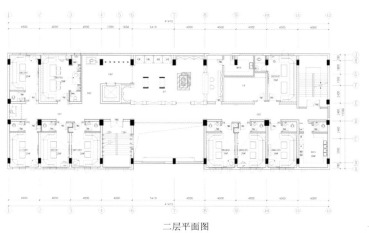

二层平面图

　　金海岸是江西的一家连锁KTV企业。本案位于婺源县，当地素有"书乡""茶乡"之称。在娱乐投资不再意味着高回报的时代，消费者会更加理性。设计一个更有生命力、更能差异化营销的娱乐场所，区别于充斥着"土豪金"的娱乐环境，是业主对本案最初的设计要求。因此，设计团队按内部的经营功能所需去细分空间布局与动线，以徽派建筑文化为依托，融合婺源的天然生态美景为设计构思。

　　人们对于婺源的印象，当属油菜花开的季节——黄灿灿的大地、蓝蓝的天空，中间镶嵌着白墙黑瓦与碧绿的湖泊，其中时不时留下牛羊的印迹和蝴蝶飞舞的影子。在设计过程中萦绕在设计师脑海里的正是这样的画面，因此设计师在大厅入口正对面使用大面积的黄色亚克力材料并内藏黄色LED灯作为背景，以此塑造门廊外黄灿灿的景象。

　　由内而外，境由心生，KTV的聚会就这样演变为一次心的旅行。

Pick-up Peanuts KTV

皮卡花生量贩KTV

项目地点：浙江义乌

项目面积：4000 ㎡

设计单位：杭州意内雅建筑装饰设计有限公司

设计师：尹杰、曾文峰

完成时间：2015 年

摄影：林峰

本案的设计灵感来源于对生活的认知和思考。源于客户对多元化的功能体验的需求，当设计团队将人性化的设计融入其中，使灵动多变的主题取代固有、僵化的传统认知时，皮卡花生量贩KTV也就应运而生了。

在空间布局上，以庭院式错落、不规则的风景为中心，精致的旋转木马、古朴斑驳的指示牌，这些富有生活色彩的元素都被点缀其中。设计将软饮区打造成一个适合消遣小憩的场所，而录音棚和影音室区域的置入，更是增强了多元化的街区情感体验。多元化的主题包厢设计契合不同消费者的精神需求，或浪漫或神秘。同时，不规整的街道式过道分布也极易让来访者产生期待感。

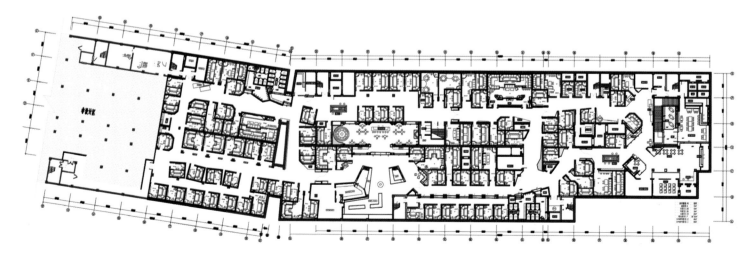

平面图

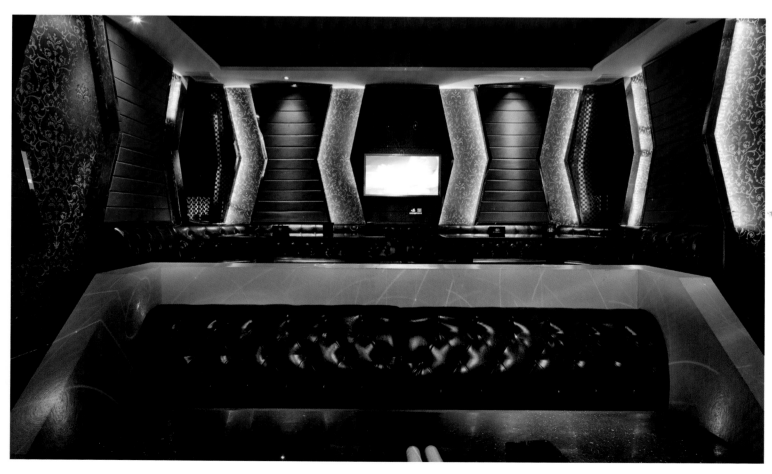

Modern Jiangnan Bar

摩登江南酒吧

项目地点： 浙江杭州
项目面积： 796 ㎡
设计单位： 杭州意内雅建筑装饰设计有限公司
设计师： 朱晓鸣、曾文峰
完成时间： 2015 年
摄影： 林峰

本案通过灰暗的色系和斑驳的纹理衬托出冷酷的格调，以还原空间纯粹的美感。设计在保留建筑原有色彩的同时，搭配复古怀旧的软装家具，缓和略显冰冷的视觉冲击。设计团队策划的这一整套视觉传达系统旨在表达自由、奔放的美国工业时代特质。

在选材上，多以旧木板、素水泥、弹药箱、霓虹灯、老唱片、黑胶带、集装箱这些具有时代象征意义的元素规律地交错其中。这些元素搭配裸露的红砖、昏黄的灯光，散发出强烈的工业气息。而美国队长的盾牌、超人的塑像等元素和饰品的穿插，营造出如同电影胶片般的视觉效果。

摩登江南酒吧的整个布局以酒吧的 DJ 台为视觉中心，呈等高线向外圈逐层延伸，有效地增强了整个空间的层次感和深度。同时，木质阁楼及铁窗式围栏的设计配合昏暗的灯光更增添了几分神秘的色彩。

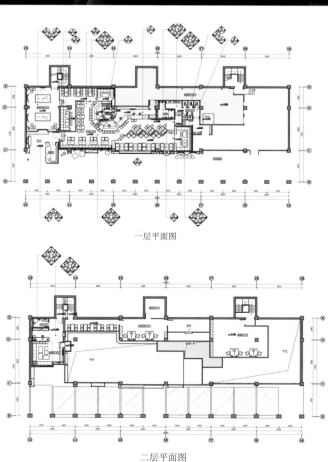

一层平面图

二层平面图

Moses Club

摩西会所

项目地点：云南昆明

项目面积：425 ㎡

设计单位：鱼骨设计事务所

设计师：纳杰、吴浪

完成时间：2016.5

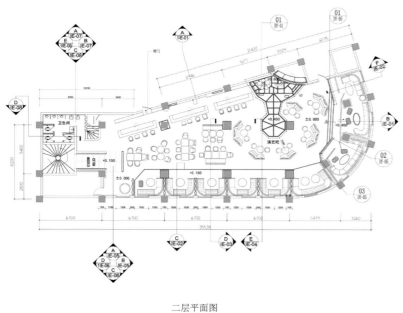

二层平面图

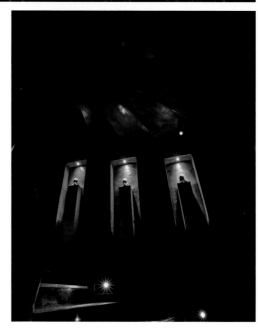

　　本案植入日本居酒屋元素，再加上本身的独特气质，形成了一种独有的空间美感。设计师在其中加入了一些"狮子"元素，它既是东方元素的象征，也有万兽之王之意。同时，设计师精心调配墙、顶、地的材料及造型，赋予空间独特的气质，并且符合消费群体的定位。

　　本案墙地材料基本为天然石材，并且大部分在表面做了特殊处理或者手工打凿。石材的运用提升了整个空间的档次，特别是柱子上手工打凿的石材，更是一种对历史文化的致敬。在空间顶部，设计师通过创造性地使用皮革，打造出如水面波涛起伏般的意境。镜面不锈钢主要运用于一些亮点部分，以起到反射作用。

SHOPPING EXPERIENCE SPACE

商业体验空间

MUJI Shanghai World Flagship Store

无印良品上海世界旗舰店

项目地点：上海
项目面积：3546 ㎡
设计公司：Super Potato 室内设计公司
完成时间：2015 年

　　无印良品上海世界旗舰店所在的淮海路仍留存了一些南宋时期的街景和旧租界时期的西方建筑，那里也随处可见现代上海人嘈杂的日常生活情景。店内共有三层，每一层都运用了木、铁、泥这些长期以来一直为人们所使用的建筑材料，但它们将为无印良品塑造出新的形象。

　　一层主入口设计了一个八米高的天花板以及一个双层中庭，一艘早已完成使命的旧船仿佛冲上堤岸般，被重新安放到整个空间中。上海附近工厂的废弃设备及其部件经过抛光，成为二层男装区固定装置的一部分。在同一楼层，旧棚子被拆除重建，成为无印良品新的生活空间。三层是咖啡、用餐及无印良品图书区。这样的布局还是第一次在上海尝试，这个舒适的空间不仅功能齐备、干净、温暖，而且集中了店内所经营的产品。设计师们的理念是：如果能将无印良品的产品、对前人生活的记忆、今天居住于上海的人这三者集中于一家商店中，将会促进另一种新的上海生活观念的诞生。

Times Property's Product Experience Center

时代正佳产品体验馆

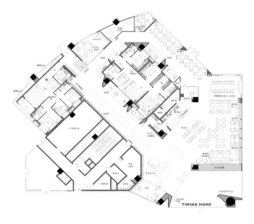

项目地点：广东广州

项目面积：884 ㎡

设计单位：广州共生形态设计集团

设计总监：彭征

参与设计：彭征、谢泽坤、陈泳夏、许淑炘、马英康、
李灿明、朱云锋、李永华

主要材料：渐变玻璃、铝复合板、艺术漆、强化复合木
地板、木饰面

完成时间：2016.4

　　由时代地产倾力打造，彭征主笔设计的时代正佳产品体验馆——时代·家，位于广州市天河区正佳广场六楼，是目前第一家进驻大型购物中心的地产体验馆，项目尝试用创新的方式来探索全新的一站式购房商业模式。体验馆由艺术展厅、咖啡区、阅读区、生活体验区和商务洽谈区五个区域组成，除了地产信息和实体样板间以外，空间中还穿插有各种关于"家"的艺术创作，实现各个区域体验性与功能性的融合。同时，开放式的空间设计赋予空间组织灵活性与多元性，时代·家将创造多种体验方式，包括文化沙龙、艺术展览、学术论坛、商务会议、小型发布会、时装秀等，使之成为广州新的时尚文化和生活美学的前沿阵地。设计鼓励人们走出虚拟社交，面对面的交流与体验，去感受生活的真实。顾客在时代·家体验生活的同时，还能体验大家对生活方式、生活艺术的分享，尽情享受这个有活力、有故事的美学空间。

　　对于一个商业空间，需要创造条件让体验者停留。时代·家让每一个进入空间的人对空间产生归属感，设计让顾客抛弃展示空间的陌生感，真正地去使用、去体验、去认同。对于这样一个空间，其中需要填充的不只是咖啡和书，更多的还是我们有关这个时代，有关家的集体记忆、情怀与想象。

Comme Moi Flagship Store

"似我" 品牌旗舰店

地点：上海

项目面积：150 ㎡

设计单位：如恩设计研究室

设计师：郭锡恩、胡如珊

完成时间：2015.8

　　如恩设计研究室近日完成了"似我"品牌旗舰店项目，这是世界超模吕燕自创的女装品牌"似我"在上海的首家旗舰店。

　　"似我"品牌旗舰店位于上海东湖宾馆一座建于 1925 年的装饰艺术风格的建筑内。几十年间，这幢建筑经历了多次翻修和改造。在设计师勘察项目场地时，这些历史的痕迹依然清晰可辨。在刻意保留这些记忆线索的同时，如恩设计研究室为建筑植入了新的设计元素来表达"似我"的品牌精神：年轻、精致、优雅。

　　"似我"的零售空间由四个连续的房间组成。一根金属导轨迂回地穿过每个房间，并将其串联在一起。采用精致的金属网定制而成的吊柜悬挂在导轨上，从具有历史沧桑感的建筑环境中脱颖而出，以更加新颖且醒目的方式呈现每一件时装和单品。

新铺覆的水磨石地面营造出统一的空间感。前台和部分的座位等功能设施也采用与地面相同的材料，产生从地面凸起的视觉效果，构筑具有雕塑感的公共空间，并与木质的摆设物参差成趣。顺着流畅延伸的金属导轨和地面的指引，顾客可以在不同的房间之间自由漫步，最终在休息区结束这段小小的旅程。

被"似我"服饰装扮一新的顾客从茧状的白色亚麻更衣室中迈入聚光灯下，体验走秀般的试装风采，在褶纹玻璃装饰墙的烘托下，尽情欣赏自己，享受新装上身的快乐和满足。

Ruoke Lifestyle Store

若可生活馆

项目地点：福建福州

设计单位：林开新设计有限公司

主设计师：林开新

项目总监：陈强

参与设计：胡晨媛、毛延铃

产品陈设：若可生活

主要材料：白色大理石、白色烤漆板、枫木、彩色玻璃、肌理漆、木地板

完成时间：2015.9

　　若可生活馆的出现，为本土气息浓厚的福州提供了一处开放、多元的文艺场所。设计团队接手该项目的设计，是和业主长期合作互相信任的结果。这次，业主希望通过生活馆将多元的生活态度和价值观透过服务传递给更多人。而以包容、平和、自然的方式营造有温度、有质感的体验，则是设计团队一贯的主张。尽管仅有短短1个月的设计时间，共同的理念和深入的沟通最终还是保证了生活馆的正常开业。

　　这个由精品零售区、活动中心多功能区、西式餐厅和图书区组成的复合型生活体验馆，强调多元文化的融合。设计遵循生活海纳百川的特点，打破明确的风格界限，以自然坦率的方式，让每一个进入其中的人都可以在它敞开的怀抱中获得温馨的体验。散布在每个角落的绿植和书籍，则是对亲近自然、注重精神生活这种更精致的生活方式和生活态度的倡导。白色、蓝色、油橄榄、建筑圆柱等设计语言的运用，串联起整体空间，并对"自然情怀、生活艺术"做出了独特的阐述。

　　生活馆两侧均为玻璃墙，开放式的设计令位于商场建筑之外或楼层之内的客人都可以窥见空间内部的动态。设计合理安排了功能区、零售区和餐厅，呈现出各具特色又相互连通的效果。原有的建筑圆柱被保留，并被漆成了蓝色和白色，裸露呈现在玻璃墙边上，在起到装饰作用的同时，又保持了空间视觉的连续性。

　　零售区门口，一辆红色甲壳虫和旧式行李箱组成的装置艺术，表达了对20世纪时代经典的致意。根据产品的不同，空间分为母婴区、厨具食品区、健康洗浴区、护肤品区、服装区，每个区域依据不同属性的产品定制了相应的陈列柜以做区分。形态不一的陈列柜丰富了空间的视觉体验，白色和原木色的中性色调让人们把注意力集中在琳琅满目的产品上。设计以暖色调的木材为主，搭配少数漆白的钢板，赋予了空间现代轻盈的气质。

零售区和餐厅中间的多功能厅成为两个功能区融汇交集的场所，不仅让两个功能区的产品得以交互展示，还进一步增添了人们深入体验的好奇心。

餐厅集咖啡厅、西式餐厅、休闲酒吧于一体，设计在简约自然风格的基础上，多了一份浪漫和优雅。蓝色镶金边的大门带领客人进入"家"的场域，感受度假般的轻松和自在。延续店铺波浪形的地板设计和油橄榄绿植装饰，在蓝白相间的格子状天花板的烘托下，洋溢着自然的氛围。吧台的长度遵循了主厨的意见，旁边透明的西点操作间则为厨师提供了展示厨艺的区域。弧形展示架上的彩色玻璃色彩斑斓，作为对商场精品荟萃的形象的呼应，同时令空间充满活力。位于餐厅中间的操作台让客人既可体验制作美食的乐趣，也可观看厨师专业的烹饪过程。镶金边的白色大理石餐桌搭配白色木质餐椅，让空间更显纯粹干净，并可根据不同的使用需求拼接组合。木质餐盘、与彩色玻璃相呼应的彩色杯子、刀叉碰撞在大理石桌面上发出的清脆声音、每天更新的装饰花品、餐厅另一侧入口处设置的弧形书吧，每一个细节之处都是对美好时光的精心雕刻。

Chuang × Yi : the Modular "Lilong"

创 × 奕：模块"里弄"

项目地点：上海

项目面积：150 ㎡

客户：唯泰集团

室内与灯光设计：Lukstudio 芝作室（lukstudiodesign.com）

设计团队：Christina Luk、Marcello Chiado Rana、Alba Beroiz Blazquez

展示家具与定制灯具设计：体物设计

施工单位：桐芯建筑工程（上海）有限公司

完成时间：2016.3

摄影：Dirk Weiblen

创 × 奕是一个搜罗售卖本土设计时装的平台，店铺位于奕欧来上海购物村。在连锁购物村全球化的建筑语境中，设计试图从上海的地缘特性出发，将典型的"里弄"空间体验带入时尚店铺中。

"里弄"作为一种都市建筑形态，其空间的局限性能够激发出栖息者的创造力，窄巷内总能发现有趣的空间应用和丰富的细节肌理。这种模糊交错着私人与公共、居住与经商，不断自我衍变的有机体系构成了上海独特的城市景观。

在这个设计中，设计师试图阐释一条"弄"与三座"弄屋"的关系，并通过这个概念来划分店铺的不同区域：展示空间、等候区、试衣间、收银台以及后勤区。三座"弄屋"的结构由模块化的金属框及活动单元组合而成，便于店铺换址时拆卸重装。单元的设计取材于"里弄"中丰富的元素：在入口单元可看到经典的"石库门"弯角；上海市井标志性的外伸晾衣架化身成服装展示架；旧式凉椅的竹编被用作单元的分隔；可移动的定制家具在"弄"内提供灵活的商品展示，由黄铜和木材做成，让人联想起弄里的长椅桌凳。

铺石与木地板界定空间的同时，开放式的展示形式也使得"弄"与"弄屋"之间保有视觉上的延续。多层次的相关元素堆叠成紧密的整体，兼具灵活性与秩序感的体验恰如"里弄"生活的缩影。设计师以这样的方式带来一场关于老建筑与新设计的探索旅程。

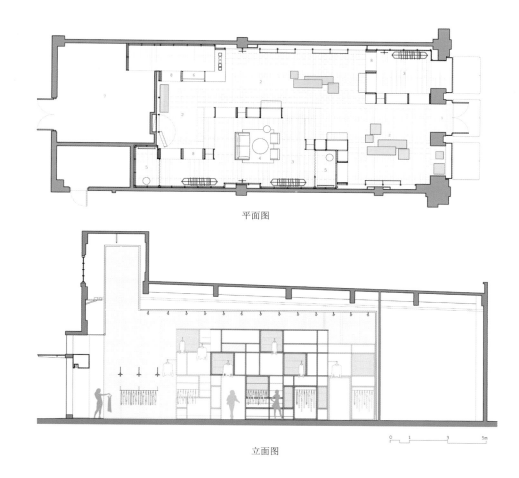

平面图

立面图

Kids Moment

孩子的时光

项目地点：湖北武汉

项目面积：450 ㎡

设计单位：RIGI睿集设计（www.rigi-design.com）

主设计师：刘恺

主要材料：毛毡、拼花马赛克、黑板漆

完成时间：2016.1

摄影：平玥

撰文：刘恺

在着手开始设计孩子的时光（Kids Moment）这个项目之前，设计团队对童装进行了一系列的思索。对于成人时装的消费，人们自主地选择品类和风格。童装的消费行为是以家庭为核心的，是家长带着孩子买衣服，而不是孩子自己买衣服。从这个层面去考虑，童装是建立在一种社会关系的立场上；由此，设计团队引申出一个设计的核心词，那就是信任。设计团队希望营造一种近似于家的感觉，有一种信任的氛围，是一个干净、整洁、有幸福感的场所，而不是一个冷冰冰的只讲效率的商业空间。

当然，作为快消品牌门店，设计依然注重陈列的效率，同时也刻意地把握色彩和材质，避免过于温馨而失去了商业空间特定的吸引力。

在空间分区上，除了成组团的多系列服装区和饰品区，设计团队策略性地开辟了会员区和儿童体验区。在特定的区域，会员能够买到性价比很高的儿童文具、玩具以及服饰周边产品。在各个角落，设计团队也增加了很多趣味性的设计，例如，印有身高标尺的转角，刷上黑板漆的墙面，孩子们在这里可以任意地涂鸦和玩耍。这些细节，都是设计团队对于如何增强设计与顾客之间关系的思考。作为一种良性的结果，它使得顾客和商家之间产生一种情感的连接。

设计团队为该品牌专门设计了一系列道具，以一种介乎于成人和儿童之间的尺度，用丰富的、模块化的不同道具，搭建出高低错落同时又满足组团分区逻辑的陈列空间，让道具本身成为空间搭建的一部分。设计还对过于硬朗的道具台面做了导圆角的处理。

设计团队站在儿童的角度去理解世界，将房子简化成一种最为单纯的几何形状来暗示"家"，并将这种几何图形大量运用到空间中的

展示板、道具和背景墙板中。设计团队还考虑到儿童对数字有一种纯粹的理解和敏感，用显眼的数字强化各个不同功能分区。在材质上，选择毛毡、瓷砖等生活化的物料，以及柔和温暖的木材，同时配上多种场景化的、充满童真和幸福感的色彩。

此外，设计团队还将插画元素做了大量的软性应用。设计用一系列图案化的标识，向成人和儿童传递简单易懂的空间信息，让视觉设计变成一种应用在空间中呈现。设计通过空间、行为、道具、视觉的整合，为品牌和公众打造一种创新型的体验终端。

Nanning Winhand Bridal Shop

南宁永恒婚纱·摄影生活馆

项目地点：广西南宁

项目面积：2060 ㎡

设计单位：李益中空间设计

硬装设计：李益中、陈松、肖瑶

陈设设计：熊灿、陈松、欧雪婷

主要材料：白色涂料、白色地砖、黑钛拉丝钢、白色铁板、艺术玻璃、木地板、地毯、米灰皮革硬包

完成时间：2015.10

南宁永恒婚纱·摄影生活馆坐落于风景秀丽的南宁市郊五象湖公园，是南宁永恒影像有限公司针对高端婚纱客户的专用内景拍摄基地。空间的主要功能为高端韩式婚纱内景摄影区以及高端客户会所功能区的复合空间。会所共有三层，首层和二层的室内空间约 1500 平方米，三层的屋顶露台空间约 560 平方米。

业主希望设计师能给婚纱·摄影生活馆的空间形象注入全新的时尚感觉，符合当下年轻人的审美。

拍婚纱照是件美好、圣洁、令人向往的事情，婚纱·摄影生活馆要把这种愉悦幸福的感觉传递出来。经过调研及分析，设计团队把"时尚、轻松、纯洁、浪漫"作为这次设计的关键词。

婚纱·摄影生活馆以开放的空间布局展开，一、二层之间以共享中庭的形式建立联系。设计以大面积的象牙白色打底，与各种款式、各种风格的白色婚纱一起，为整个设计铺陈纯净圣洁的调性，用简洁轻盈的黑色线条勾勒形态，凸显干脆利落的设计风格。

粉红、粉黄、粉绿的樱花树枝点缀在空间之中，为空间注入温馨浪漫的调性，蒂芙尼蓝与柠檬黄搭配在黑与白的强烈对比当中显得耀眼夺目，充满了欢快而又不失高贵的时尚格调。

2015 Guangzhou Design Week C&C Pavilion

2015年广州设计周共生形态馆

广州共生形态设计集团在2015年广州设计周上的展位设计有一座可与观众进行互动的艺术装置。装置由几座向心的盒子相连接，观众从预先设定的入口走进展场后，可以看到各种投影画面被分别投映在玻璃屏幕和地上。若干电子屏幕设置于空间的尽端，观众虽然可以隔着玻璃看到外面的世界，但是除了从原路返回之外，无法走出这个被雾围拢的空间。设计师用渐变夹胶玻璃作为立面，渐层的白雾效果，让人产生迷幻虚无的感觉。

这种意象，除了隐喻自然环境中的霾，广州共生形态设计集团还希望借此表达现代人与虚拟世界的一种关系，那是另一种看不见的"霾"，一种被电子商务和虚拟社交包围的"霾"。如今人们沉溺于社交媒体中，逐渐忽略了身边的日常动态，使得人与人之间的关系日渐疏离。人们无时无刻不关注着电子屏幕的内容，生活在一个被他们视为真实的幻想世界里，乐此不疲，冷落了对现实人生的灌溉。科技虽然为人们带来便利，却也造成人们精神世界的某种孤独感和迷失。设计师希望在观众亲身体验后，唤起他们对这种状态的反思。

展会的第三天，现场举办了另一场互动活动，观众开始用举办方提供的画笔在玻璃上涂鸦和绘画，表达他们对作品的理解。有趣的是，关于"霾"的主题虽未经透露，参与的观众却自发地形成了一次关于这个主题的艺术行为，这是艺术装置对观众集体潜意识的一次触发。

项目地点： 广东广州
项目面积： 130 ㎡
设计单位： 广州共生形态设计集团
设计总监： 彭征
参与设计： 谢泽坤
主要材料： 渐变夹胶玻璃
完成时间： 2015.12

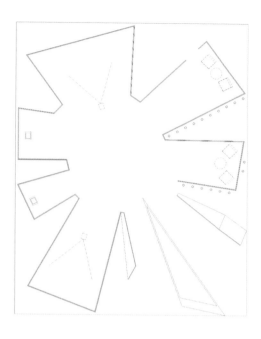

平面图

Someone Refit

三万改车

项目面积：200 ㎡

设计公司：重庆凸沃装饰设计有限公司

设计师：曹明

完成时间：2016.4

在人们固有的印象中，走进汽车改装店，迎面而来的将是一阵浓浓的机油味、被吊在半空的汽车零件、满地的工具和配件、四处奔走的工人……但在这里，汽车改装店成了一个创意的改车场所、灵动休闲的聚会空间，有着鲜明的 loft 风格。

本案原为 2400 平方米的汽车销售展厅及维修车间，比较脏乱，其中 200 平方米的维修车间重新改造后将用于客户休息、产品展示以及办公。原始结构中，设计最大的难题在于原承重结构无法更改，导致工作人员从客户休息区到办公室必须经由维修车间绕行，极其不便。于是设计师做了一个很大的台阶和梯步，不但让工作人员可直接通往背后的办公室，还做出了上下两层两个独立办公室。在举办聚会和沙龙时，台阶上可以直接坐人，平时则可以展示一些产品。

入口大门向右旋转 45 度并设立了小型展示区，同时将整个客户休息区做成全开敞式，以促进车友之间的交流。设计师在门口采用生锈钢板，将它直接穿插到原有建筑中，把原本中规中矩的汽车车间转变为辨识度高的专业改车场所；外墙采用大面积黑框落地窗，视觉效果通透；整个空间既是休闲区也是展示区，每一面墙都可以作为展示墙——毕竟，对于爱车之人而言，汽车零件本身就是一件艺术品。

设计将平面的异形风格延续至墙面，打造灵动创意的空间感，将展示柜、展示台、墙面展示等多元化的展示空间相互结合。宽敞通透的区域大板桌设计，小型酒柜和洗手台的设计，都能够满足车友交流、聚会、沙龙等活动的需求。展示柜之间的异形玻璃，既增加了空间的通透感，又方便了客户在休息的同时看到爱车的改装、施工情况。

在材质的选择上，大量采用钢材、水泥板和实木，以硬朗的材质凸显汽车的工业化风格和 loft 的现代气息。整个空间主要以灯带营造氛围，辅以射灯局部照明，再采用一些比较有艺术性的吊灯作为辅助照明，三种照明方式的结合让整个空间更有视觉冲击力。

BMW Motorrad Asia Flagship Showroom

宝马摩托车亚洲旗舰展厅——北京德悦行

项目地点： 北京

项目面积： 3200 ㎡

建筑设计及室内规划： 大为建筑设计（北京）有限公司

（David Ho Design Studio）

主设计师： 何大为

室内深化设计： idealsun、徐伟

完成时间： 2016 年

摄影： 梁哲

本案的建筑设计和室内布局均由大为建筑设计（北京）有限公司设计操刀。项目位于北京金港汽车公园内，基地面积 1500 平方米，三层楼面积共 3200 平方米。一层主要是宝马摩托车新车展示区，展示及销售宝马摩托车在中国销售的全系车型，还有宝马骑行装备品牌精品区、配件区、服务和维修车间以及咖啡交流区。二层是大型的自由交易区、改装车间和贵宾室，车主可以将闲置装备带至活动现场自由交易或登记寄售，或者购买更多的骑乘用品。三层为员工办公室。

基地的位置在园区东南角，正好面对赛道的发夹弯，在赛道上可以一览无余地看到整栋展厅大楼。入口正面是一个五米高的玻璃幕墙与宝马摩托车传奇旅程大型海报。建筑物立面主要被白色镀锌钢板包覆，形成白色主题以配合宝马的全球视觉形象。

进入展厅的第一个视线焦点是悬吊在五米高的天花板上，长度达 25 米的超大半透明印刷喷绘。设计通过内置的 LED 灯具，使前后三层交错排列，产生虚实交汇的效果。影像从城市到大自然，寓意宝马骑士精神无所不在。

整个展厅的颜色主要是白色及橡木棕色，这是宝马精品生活馆全球统一的色调。不同于大多数的其他摩托车品牌营造的重金属感，这样的清新风格传达出"更加连接自然，愿意保护环境"的信息。

其他空间，例如展厅，可以兼作多功能活动空间，设置了一系列小的聊天沙发区、咖啡柜台、非正式讨论区。设计通过规划这些空间，提供给客户舒适的放松区域，让同好者增进交流。

精品区提供了一个商品及配件展示平台，货架使用穿孔的面板加挂臂支持，使各种不同类型、不同大小尺寸的产品都可以得到非常好的展示效果。如此，从建筑到室内再到产品，令人随时随地感受到宝马的品牌文化。

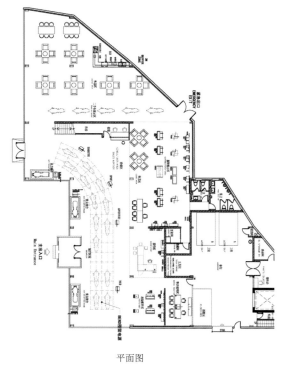

平面图

Triump Group

凯祥集团

项目地点：福建福州
项目面积：400 ㎡
空间设计：道和设计机构
软装设计：道品软装陈设工作室
主设计师：高雄
完成时间：2015.6
摄影：李迪

本案分为两个展示区域，相应地也有着不同的设计重点。设计在珠宝区着力于细节的处理，使它讲究、精致，保持整个店面与商品的风格一致。设计上，没有设计元素的堆积，空间干净整洁，柜台线条利落醒目、简单大气，同时表达出品牌的文化与理念。

在名车展示空间，从展示设计的角度来说，产品本身才是主题，因此设计师更倾向于使用简洁利落的空间去展现产品本身的价值。其目的在于营造有价值、有个性的空间，借助于空间形式、平面布置、灯光及色彩的配置等设计，有计划、有目的、有逻辑地将内容展示给人们，并力求使大众有效地接收到业主想要传达的信息。在这里，炫目的三辆跑车是空间的聚焦点，整个空间很好地扮演着自身的角色，衬托出跑车本身的价值特性。

平面图

Shenhuoguan Flagship Store

申活馆旗舰店

项目地点：上海

项目面积：2400 ㎡

设计单位：CROX 阔合国际有限公司

主设计师：林琮然

完成时间：2015.12

上海申活馆旗舰店，是《申报》开创的新思维组合书店，融合了 11 个体验空间，涵盖书店、咖啡馆、皮革工坊、家庭摄影、花店、设计品牌零售店、手艺教室、美食厨房、香氛实验室、纸匠文具、旅行等主题空间，选址于证大喜马拉雅艺术中心内。

由矶崎新设计的证大喜玛拉雅艺术中心，由表面蜿蜒曲折的有机形体的"林"构成，三维曲面的委婉变化对应了人的视线和尺度。鉴于此，设计师以"暖流"为概念，尽可能在尊重原始的素水泥的形态下，以实木原生的温润质感来表达主题，赋予空间暖色的基调。

在使用上，隔间墙与书柜逐渐划分出空间的层次，墙体在不断的包围进退中藏入不同内容的图书，与弧形的全白天花板搭配，也让人与空间产生情绪的牵引与互动。一家店内有着 11 种不同的相互交融的空间，形成一种特别的、包容的品位场域。

书店为载体附加其他不同属性的空间，产生一种多元集合概念的形式。申活馆有四个可以进出的门，形成了四通八达的空间，面对如此复杂的场所不单单要考虑到空间布局的合理性，更要考虑如何让阅读与体验共同发生，协调人们的动与静。

设计师一开始在基地南北向长廊的东侧配置了七家店铺，而南北两边的入口分别配置了花店与家庭摄影区，位于中央入口的服务台负责提供好的管理质量，东边入口的咖啡馆则配合下沉广场延续整体书店的气氛，产生半户外的休息区。特意抬高的主图书区与咖啡馆边缘形成一个环形的剧场座位，配合曲形的水泥体，可为书店提供完整的活动舞台。馆内部中央区设置开放厨房与美食教室。

由此，书店不再是单一的看书的地方，也是休闲放松享受的好去处。设计师一口气打造出 11 种不同感觉的空间小店，传达出富有生活感的新上海风情。

设计师用自然的材料、干净的线条构建出这个有个性的书店。书店曲面的线条如同森林中的涓涓细流，素雅色调体现出对恬静自然的生活追求。咖啡馆吧台粗犷的水泥和长长的吊灯带出素朴、简约的感觉。书店黑色天花板结构与外面全白的天花板形成鲜明对比。

在爱书的设计师看来，这家多重体验的书店，就像是一个大家可以赖着不走的温暖窝，是一个被生活包围的自然环境。

INDEX

索　引

程超

毕业于华中科技大学环境艺术专业，2014 年创办杭州象内文化创意有限公司并担任设计总监，致力于发展象内空间视觉设计的理念。设计范围包括知名鞋服 SI 设计、餐饮、酒店、办公空间、娱乐空间、高端住宅等多个领域。设计作品遍布于珠三角、长三角、京津地区等。

陈杰

驿境主案设计师，设计公司联席总监。属于自由创作派，崇尚自然回归质朴的设计理念，善于中式空间设计。曾获 2010 年亚太室内设计双年大赛优秀奖、金堂奖优秀餐饮空间设计、2010 中国室内设计大赛优秀空间设计大奖、2010 中国国际空间环境艺术设计大奖赛（筑巢奖）优秀工程类设计奖，2011 金指环全球设计大奖赛金奖等。

凸沃设计

重庆凸沃装饰设计有限公司成立于2014 年，简称凸沃设计，英文名称"TO ALL DESIGN"。无论是商业空间还是住宅空间设计，均用心去发掘每一个项目的核心价值，用全面的设计力量去满足每一个客户的个性需求，用全新的设计理念去改变未来。团队成员由年轻的 80 后与 90 后组成，以创意与活力为标签，以追求完美与细节为态度。同时，也是一个以客户为本，体现价值的亲密伙伴。

陈武

深圳市新冶组设计顾问有限公司创始人、深圳市室内建筑设计行业协会（SIID）理事、广州大学建筑设计研究学院客座导师。曾获第 19 届安德鲁·马丁设计奖、艾特奖、金凤凰奖、金堂奖、国际最佳生态餐厅设计奖、金指环全球设计大奖赛奖、中国国际室内设计双年展奖、金外滩奖、IDC 酒店设计奖等。擅长以商业驱动力为基点，将设计理念和多领域的跨界经验结合，创造既有独特定位又具魅力的愉悦空间。

陈岩

山石室内设计（香港）事务所及深圳市山石空间艺术设计有限公司总经理兼设计总监，高级室内建筑师，本科毕业于厦门大学美术系，后于法国 CNAM 大学获得硕士学位。曾获《美国室内设计》中文版年度封面人物、金外滩最佳概念设计奖等。致力于空间设计的现代概念与传统文化的完美结合，重视空间设计的实效性与概念创新，将项目的经营管理与设计结合。

何家胜

建筑物室内装修专业技术人员（中国台湾）、中国室内装饰设计师及高级技师。代表作品有：台北中和嘉德花园邱公馆及刘公馆、台北板桥画世纪许公馆及苏公馆、台北八里天泉样板间、宜兰度假别墅彭公馆、纤罗股份有限公司办公室规划、胖达人手感烘焙坊店面设计规划、气味图书馆（敦南、西门、新竹、站前诚品）、法国法恩芬芳精油专柜、初乐法式甜点餐厅店面设计规划、台中潼阪烧肉餐厅店面设计规划等。

冯智君

来自马来西亚，在伦敦、吉隆坡、迈阿密和上海都工作了一段时间后，2010 年，他在上海创办艺臻建筑设计咨询（上海）有限公司（EZHEN DESIGN），设计了不同类型的项目——酒店、餐厅、高级定制公寓等，如朱家角安麓度假酒店、千岛湖安麓度假酒店、青城山安麓度假酒店、扬州洲际英迪格（Indigo）度假精品酒店、拉萨瑞吉酒店二期以及安提瓜 The Setai 酒店。曾就职于 Denniston International Architects，其间创作了中国拉萨瑞吉酒店、中国颐和安缦酒店、杭州富春山居度假村等。

高雄

道和设计机构创始人、总经理、设计总监。中国建筑室内装饰协会建筑室内设计师、中国建筑学会室内设计分会会员、建筑装饰装修工程师、IAI 国际室内建筑师与设计师理事会华南区及福建代表处理事，擅长现代中式风格设计。公司成立于2011 年，系统地分设有方案设计部、效果图部、施工图深化部、商务客服部。设计主线为公共空间设计，涉及了餐饮、会所、地产、展厅与茶空间等多个领域。

何大为

英国爱丁堡大学建筑设计硕士、大为建筑设计（北京）有限公司（David Ho Design Studio）负责人。曾在欧洲、美国和亚洲赢得过 3 个不同领域的国际奖项。代表作品有：英国斯开岛博物馆、英国里斯本复合商务住宅中心、中国台湾弗朗明戈滨海度假酒店住宅会所综合体、宝马摩托车俱乐部、索尼手机北京总部、瑞典沃尔沃中国研发中心、亚洲发展银行北京总部、腾讯深圳总部、奇虎 360 北京总部、慈铭北京总部亚奥健康会所等。

何俊宏

创研设计（Create+Think Design Studio）总监。毕业于纽约普瑞特设计学院（Pratt Institute）室内设计系，取得硕士学位后曾在丹麦 DIS 进行建筑及设计课程研究。曾在纽约 Naomi Leff and Associates.

Inc. 与 Gene Kaufman Architect P.C. 等室内设计公司任职，与各国设计师合作。2005 年创立创研空间，多次得到中国台湾室内设计大奖与亚太区室内设计大奖。设计作品范围涵盖建筑、居住空间设计、商业空间、办公室、工作空间，以人性化的思考创造每一个空间。

胡如珊（左）郭锡恩（右）

如恩设计研究室（NERI&HU）创立者。NERI&HU 是一家立足于中国上海，在英国伦敦设有分办公室的多元化建筑设计公司。2015 年，郭锡恩和胡如珊被巴黎家居装饰博览会评选为亚洲年度设计师。*2014* 年，被英国《墙纸》杂志（Wallpaper*）评选为年度设计师。2013 年入选美国《室内设计》名人堂。同时，两位设计师也活跃于教育和研究领域。此外，两人还共同创立了设计共和（Design Republic），一家总部位于中国上海，汇集诸多国际顶级设计师系列产品的家居零售店。

黄士华

中国台湾隐巷设计与 XWD 集团创始人，拥有丰富的办公、住宅、商业、酒店等设计经验与知识，致力于建立设计整体解决方案模式，集品牌设计、美学生活与精致工程管理于一体。工作范围遍及亚洲多个国家与地区，曾获 2012 CIID 中国室内设计学会奖、2013 国际空间设计大奖——艾特奖公寓设计奖、年度中国高端室内设计师 TOP 10、2016 美国室内设计金外滩奖最佳办公空间奖优秀奖等奖项。

IDO 元象建筑

IDO 元象建筑是一个根植中国西南地区的建筑师团队，由宗德新（左）、苏云锋（中）、陈俊（右）三位合伙人于 2012 年创建。设计范围从大型城市综合体到小型私人会所，从城市景观到室内家具。近年，IDO 将公共利益，人文关怀作为研究重心，关注现代建造与传统的关系，践行生态城市与绿色建筑理念。2013 年完成的 "七平方米极限住居实验" 样板间荣获 2014WA 中国建筑奖之设计实验奖、居住贡献奖、社会公平奖三项入围奖。

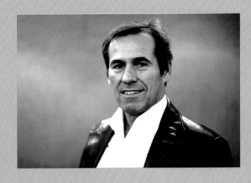

Jean-Michel Gathy

比利时人，生于 1955 年，著名建筑设计师，DENNISTON 以及太阳湾项目主设计师，GHM 度假集团御用设计师。1993 年成立 DENNISTON 以来，多次获得各项设计奖项。代表作品有：马尔代夫白马庄园、瑞士安德马特祺邸酒店、北京颐和安曼酒店、马尔代夫 ONE&ONLY 酒店、韩国济州岛高尔夫度假村、新加坡金沙酒店、西藏拉萨瑞吉酒店和迈阿密 The Setai Miami 酒店等。

罗灵杰

1999 年毕业于香港理工大学，壹正企划有限公司设计总监兼创办人。
早于大学毕业前，已获多项业界殊荣，如 1996 年获高仪亚洲设计大奖和东南亚最佳室内设计大奖等。除了获奖无数，他近年也为《英文虎报》及星岛地产网撰写一系列的专栏及室内设计的心得和趋势。自 2013 年他获邀成为 MRRM 杂志专栏作家之一。

季青涛

重庆默存装饰设计咨询有限公司创始人，设计总监，重庆室内设计企业联合会理事。毕业于重庆大学艺术设计专业，从事室内设计行业十多年来累积了丰富的室内外设计经验，一直以 "设计思考，设计创新，设计创造价值" 为设计理念，专注于商业地产、样板间、销售中心、会所、酒店等整体设计创意服务。代表作品有：花滩御榕庄销售中心、奥林匹克花园、融创勋爵堡独栋样板间、长滩壹号餐茶会所等。

蒋国兴

苏州叙品设计装饰工程有限公司董事长，餐饮、会所、酒店、办公空间策划师。同时也是 CIID 中国建筑学会室内设计会员，IAI 亚太设计师联盟会员，中国建筑装饰协会高级室内建筑师。曾多次荣获全国设计比赛大奖，大量作品在中国香港、内地媒体上刊登。2014 年出版个人作品集《飨宴》，内容主要以餐饮及办公空间为主，阐释 "中式禅意" 和 "回归自然" 的理念。项目遍布北京、上海、深圳、苏州、新疆等多个城市。

Andrea Destefanis （左）

出生于意大利都灵的一个舞台艺术之家。完成了在威尼斯建筑大学的学业后，Andrea 开始了同多个建筑事务所合作的职业生涯，开发了很多获奖的建筑和城市规划项目。受其对不同设计领域的个人兴趣的驱动，Andrea 成立了以协同合作为概念的工作室。2000 年，与 Filippo Gabbiani 开始深度合作并成立 Kokaistudios。2002 年 Kokaistudios 在上海成立事务所后，Andrea 长期居住在亚洲，在为事务所努力打拼的同时，继续着其对社会和城市环境可持续发展工具的研究和推广。

Filippo Gabbiani （右）

出生于意大利威尼斯一个艺术家和玻璃制造巨匠辈出的家庭，毕业于威尼斯建筑大学，曾与数家世界知名的建筑、室内设计和工业设计等领域的事务所合作。在上海成立 Kokaistudios 事务所后，常驻亚洲致力于可持续性发展建筑的文化推广，以及亚洲遗迹建筑的保护和修复，并继续对艺术玻璃设计进行研究。

林开新

毕业于福建师范大学，林开新设计有限公司创始人，大成（香港）设计顾问有限公司联席董事。

将"观乎人文，化于自然"的和居美学理念淋漓尽致地运用到项目实践中。设计作品荣获 2015 年德国 IF 设计大奖、2014 年 A&D 建筑与室内设计最佳奖、亚太室内设计大奖金、银、铜奖、2013 年中国台湾室内设计大奖、IFI 国际室内设计大赛一、二、三等奖，"金外滩"上海国际室内设计大赛最佳设计奖。

刘恺

RIGI 睿集设计创始人 (www.rigi-design.com)，毕业于东华大学。坚持并保持发展特有的设计语言，立足于需求与功能本身，为客户的每一个项目度身定制出最有效率的终端解决方案。曾获得 2015 "金外滩"最佳设计奖、第十届中国国际建筑装饰及设计艺术博览会 2015 年度十大最具创新设计人物奖和 APDF 亚太设计师联盟 IAI 设计奖年度最佳设计机构奖等。他在空间设计、品牌设计、产品设计、视觉设计以及家具设计多个领域内发展，创立了原设计师品牌 L-HOUSE。

李益中

大连理工大学建筑系学士、意大利米兰理工大学设计管理硕士、深圳大学艺术学院客座教授、中国建筑学会（全国）理事。李益中空间设计公司及都市上逸住宅设计公司创始人。曾获全国室内设计大赛一等奖、全国最佳室内设计师、APSDA 亚太地区最佳设计作品大奖、金堂奖中国十佳酒店设计等奖项。其公司主张理性科学的设计方法，讲究设计策略，注重在解决问题的同时塑造作品气质。

林琮然

CROX 阔合国际有限公司总监、本泽建筑设计（上海）创始人，毕业于意大利米兰多莫斯设计学院，是一位跨足都市规划、建筑室内、艺术策展的建筑师。作品及设计曾受到多家国际知名媒体关注、报道，例如，中国中央电视台、意大利国家电台、越南国家电视台、《东方早报》、*archdaily*、*dezeen*、《*Interni* 设计时代》、*domus*、*dwelling on Earth*、《*IDEAT* 理想家》及中国五大门户媒体等。曾获安德鲁·马丁国际室内设计年度大奖，现为 2016 威尼斯国际建筑双年展官方邀请策展人。

陆力行

上海禾易设计主创设计师，毕业于同济大学建筑学专业。代表作品有：水都里水疗公寓酒店、上海克拉玛依石油酒店、上海标致汽车造型办公室、上海波音航空改装维修工程公司办公室、上海通用汽车办公楼、复旦外籍专家楼改造、天津机场贵宾厅、无锡灵山君来波罗蜜多酒店、无锡禅岛酒店、九华山东崖宾馆等。

陆嵘

现任职于上海禾易设计，担任设计总监。同济大学建筑学硕士。她设计的项目多次获得国家及省部级奖励，曾获上海十大优秀青年室内设计师及 2009 年度中国首届中华文化人物称号。2012 年获得"上海青年高端创意人才"称号；同年，在中国室内设计年度评选"金堂奖"中获得"年度设计选材推动奖"；2014 年荣获"上海市优秀女设计师暨上海市巾帼建功标兵"称号及"2013 年精品家居·中国十大高端室内设计师"称号，并获得《设计家》杂志社 2014 推动设计进步年度人物及杂志年度人物等奖项。

陆颖芝

芝作室创办人与设计总监，加拿大安大略省注册建筑师。2002年获加拿大多伦多大学建筑系学士学位。所参与过的项目类型包括：城市规划、历史建筑修复、多功能建筑群、办公楼建筑、酒店餐饮室内设计、博物馆展览设计等。2011年创办芝作室，以累积的经验和对设计的热诚，开拓一个自如的创作空间，团队在过去几年内完成了一系列精致的作品。

纳杰

鱼骨设计事务所创立人、鼓手、云南省室内设计行业协会副会长、云南省室内设计行业协会学术委员会委员、香港室内设计师协会会员。曾获2014年第五届筑巢奖最佳酒店设计金奖、2014年大中华区十佳设计师（酒店类）、金堂奖2015年中国室内设计年度评选年度优秀住宅公寓设计、中国（云南）室内设计年度排行榜2015年度十佳设计师等奖项，2015年酒店作品受邀参加东方视角联合国"70+"华人当代艺术·创意设计成就展（美国纽约）。

彭征

广州共生形态设计集团董事、设计总监。高级室内建筑师、广州美术学院设计艺术学硕士。现为广州美术学院建筑艺术设计学院客座讲师，CIID广州专委会理事、中国房地产协会商业地产专委会、商业地产研究员。代表作品包括南昆山十字水生态度假村、万科金色领域、时代地产中心、广州亚运会景观创意装置"风动红棉"、广东绿道标识系统等。作品曾获德国红点设计大奖、美国室内设计杂志年度最佳大奖等。

杉本贵志（Takashi Sugimoto）

1945年出生于日本东京，1968年获得东京艺术大学美术学士学位，1973年创立Super Potato室内设计公司。1984年、1985年获得"每日设计奖"（Mainichi Design Honor Awards）、2008年获得"名人堂奖"（Hall of Fame Awards）。代表作包括：柏悦酒店（北京、首尔、广州），君悦酒店（新加坡、上海、东京），凯悦酒店（东京、京都），香格里拉酒店（中国香港、上海）以及拉斯维加斯的贝拉吉奥酒店。

唐忠汉

近境制作设计总监。近境制作主张设计源自于生活的热情，强调"生于亚洲、源自东方"，通过完整的室内建筑概念，流露出强烈的地域色彩和人文精神。曾获World Festival of Interiors住宅空间类大奖、亚洲最具影响力设计奖、中国台湾室内设计大奖、金堂奖中国室内设计年度评选（十佳公寓住宅设计）、意大利A'设计大奖、德国iF传达设计奖、第21届亚太区室内设计大奖等奖项。

Vipavadee Patpongpibul

P49 Deesign设计事务所创始人与CEO，著名酒店设计师，泰国室内设计协会资深会员，Chulalongkorn大学建筑系兼职讲师。她是一位资历超过25年的室内设计专家，致力于亚洲的酒店业及度假胜地、水疗等工程的设计。代表作有不丹泰姬大酒店、曼谷四季酒店、马尔代夫Soneva fushi度假酒店、印度新德里大酒店、阿曼杰贝阿里阿赫达尔alila、Samui Renaissance度假胜地等。

王锟
深圳市艺鼎装饰设计有限公司创始人兼设计总监、深圳市室内设计师协会理事、中国建筑装饰协会会员、中国装饰协会会员。曾多次获得设博会"年度杰出设计师"、金羊奖"中国百杰室内设计师"、大中华区十佳餐饮空间设计师、IDCF"品牌设计师风云人物"、深圳市年度最佳室内设计师等荣誉称号，其设计作品也多次获得金堂奖、艾特奖等业内权威奖项的肯定，并被誉为"黄记煌御用设计师"。

许建国
安徽许建国建筑室内装饰设计有限公司创始人、注册高级建筑室内设计师、CIID中国建筑学会室内设计分会会员、中国建筑室内环境艺术专业高级讲师。曾获第三届中国国际空间环境艺术设计大赛(筑巢奖)酒店空间工程类银奖、金堂奖2014年度十佳酒店空间、CIDA中国室内设计大奖公共空间及文化空间奖、第十八届中国室内设计大奖赛"学会奖"餐饮类入选奖、2015年国际生态设计奖获最佳生态餐厅设计提名奖等。

谢小海
CM DESIGN 创始人兼设计总监、意大利米兰理工大学室内设计管理硕士、中国与葡语国家经贸文化推广协会名誉顾问、北京理工大学珠海学院设计与艺术学院"协同创新育人指导专家"。从业20年间，参与过几百个设计项目。曾获中国室内设计50强资深专家设计师、2016金创意奖国际空间设计大赛（餐饮空间铜奖）、2015年度国际空间设计大奖艾特奖（别墅类入围奖）、中国澳门国际设计联展年度企业创新奖等。

杨焕生
东海大学建筑学硕士、杨焕生建筑室内设计事务所主持人。其室内设计从流行符号学里酝酿出独特的美学敏感，并转化成容易解读的装饰语言，并将纹路、线条、质料、收边、裁剪、配饰与摆设，都整合在整体规划设计中。曾获2016德国iF设计大奖传达设计奖（室内设计）、2015国际空间设计大奖艾特奖（最佳酒店设计空间）、IAI DESIGN AWARDS居住空间金奖、美国《室内设计》中文版杂志封面人物等奖项及荣誉。

尹杰
意内雅空间设计总监。2014年，"西溪壹号"荣获国际空间设计大赛"艾特奖"最佳展示空间设计奖，2010年，"乐K量贩KTV"荣获"金堂奖"中国年度十佳娱乐空间设计奖。2010年获得中国长三角室内设计大赛公共空间优秀奖，CIID杭州室内设计大赛优秀奖。2009年荣获中国百杰室内设计师称号，2008年获亚太室内设计大奖赛优秀作品奖。

杨竣淞
现任开物设计设计总监。自2007年创立以来，开物设计以灵活的文化符号营造出空间的价值与深度，为客户提供创新策略与商业模式，整合空间特质以显示出竞争优势。设计范围包括住宅、娱乐空间、办公空间、公共空间和商业空间设计，以及家具设计、灯具设计、产品设计和平面设计的全面性规划等。曾获2015年亚太室内设计大奖、2015年中国台湾金点设计奖、2015年意大利A'设计大奖、2015年红点奖等。

叶铮

上海泓叶室内设计咨询有限公司创始人、设计总监、高级室内设计师。公司成立于1999年，专门从事酒店、会所、办公等公共空间设计。长期致力于学术性与研究型发展，注重专业理论及设计方法的探究。首批入选美国《室内设计》杂志中文版"名人堂"。著有《建筑画艺术》《室内建筑工程制图》《常用室内设计家具图集》《叶铮暨泓叶室内作品集》《室内设计纲要》《概念设计——HYID泓叶酒店设计作品集》等多部专著。

张健

杭州观堂设计总监。坚持"每一个项目都是一件作品"的理念，用心投入；设计追求创意与环保，坚持创新，坚持重复再利用，以循环的概念贯穿设计，反对豪装与奢华，力求以平实的手法展现空间特点，以细节打动终端，彰显品位。

张清华

维野（福州）室内设计有限公司创始人、设计总监。曾获"中国年度杰出设计师"与"中国最佳娱乐/会所空间设计师"称号，2016年度福建省创意设计产业"领军人物"荣誉称号等。代表作有：福州粤界时尚餐厅、湖北新感觉音乐会所、金溪国际大酒店KTV、福州金钱豹音乐商务会所等。主张商业空间设计的第一要义是先站在这个业态中综合考虑，分析完市场定位及其商业环境的发展，然后才是设计，同时强调多元性的混搭。

曾文峰

idG·意内雅空间设计主案设计师。认为空间设计的本质是空间带给灵魂的感受，而灵魂的感受是视觉、听觉、触觉等多重感官的碰撞和统一，主张运用技术手段和空间美学，创造基于合理功能的舒适环境，在平淡中寻求惊喜，在磨砺中打造经典。

朱晓鸣

高级室内建筑师、idG·意内雅空间设计创意总监及执行董事、idG设计机构创始人、CIID杭州室内设计学会秘书长、CIID全国理事。毕业于浙江树人大学，主修建筑与室内环境设计。2001年创建idG·意内雅空间设计事务所。主要作品有阿里巴巴湖畔大学、阿里巴巴总部董事局院落空间设计、西溪壹号售楼中心、嘉捷服饰总部大楼等。曾获2015年中国设计先锋人物、2015年米兰世博会国际生态最佳办公空间设计奖、艾特奖（最佳展示空间设计奖）等奖项。

周易

中国台湾设计师。1989年创建周易设计工作室；1995年创建周易概念建筑工作室。他的设计理念来源于庄子"至大无外，至小无内"的哲学思辨，同时深受日本建筑家安藤忠雄的建筑美学的影响。其作品"太初面食"曾获2013年金外滩奖最佳餐厨空间大奖、2013年度最成功设计以及金点设计奖、2013年度最佳设计奖。国泰璞汇接待中心曾获2012年中国台湾室内设计大奖评审特别奖。

郑忠
CCD 香港郑中设计事务所董事长。拥有近 20 年的品牌酒店设计经验，代表作品有：北京三里屯洲际酒店、杭州千岛湖万豪酒店、深圳蛇口希尔顿南海酒店、重庆解放碑威斯汀酒店、台北远雄巨蛋悦来酒店、深圳南山万豪酒店、三亚索菲特酒店、深圳瑞吉酒店、北京万达索菲特大酒店、广州琶洲威斯汀酒店、天津万豪酒店、丽江铂尔曼度假酒店、上海佘山索菲特大酒店、三亚康莱德 & 逸林希尔顿酒店、三亚铂尔曼海居酒店、长白山万达威斯汀酒店等。

HBA

HBA

HBA/Hirsch Bedner Associates 曾在多个颁奖礼上获得殊荣，当中包括：2013 年度酒店设计大奖、透视设计大赏、精品设计大奖和欧洲酒店设计大奖等，精心打造出许多全球最受人瞩目的酒店、度假村和水疗中心。HBA 自 1965 年以来在酒店设计行业成绩斐然，时至今日仍然紧贴不断变迁、由品味独到的旅客所主导的行业趋势。HBA 于全球 16 个办事处共聘用逾 1 000 名设计师，近年在亚洲积极拓展，成为真正的国际性企业，其超过 75% 的员工均身处美国境外。

HWCD

HWCD 建筑师事务所
HWCD 建筑师事务所是一家国际性的综合设计公司，在英国伦敦、西班牙巴塞罗那、中国上海和埃及开罗的办公室拥有近两百名雇员，设计专业涵盖规划、建筑、室内及景观的设计，项目类型包含住宅、办公、商业综合体及公共设施。

G&S DESIGN CO., Ltd.

埂上设计事务所
跨越不同领域，与合作者一起实现空间设计的策略。重视建筑空间与地域文化探索，致力于探讨建筑与材料、工艺与细节、形态与光影间的互动，诠释人、空间、自然环境间亲密无间的联系。主张突破传统的形式主义，坚信每一个作品都有其独特的标签，为每个客户创造独特的专属设计作品。

WILSON ASSOCIATES

威尔逊室内建筑设计公司
成立于 1975 年并在 1978 年成立联合公司，专注于室内建筑设计。迄今为止，公司已经为世界各地上千座酒店设计安装了超过一百万间客房。公司提供全盘室内建筑设计服务，从初步空间策划到施工图制作到施工监理。为了进一步为公司的全球客户提供最佳设计及采购资源，威尔逊室内建筑设计公司在达拉斯、纽约、洛杉矶、新加坡、上海和阿布扎比都设有分公司。

ACKNOWLEDGEMENTS
鸣谢

　　在此，特别感谢长期支持设计家传媒出版机构的设计师朋友们，感谢《2017中国室内设计年鉴》的所有作者，感谢你们和国内外读者分享创作成果；感谢所有项目的甲方，你们是设计师创作的基石；感谢所有编辑小伙伴的辛勤劳动，你们的工作让设计师的作品得到了更好地呈现。